DK 624.132.3

FORSCHUNGSBERICHTE DES LANDES NORDRHEIN-WESTFALEN

Herausgegeben durch das Kultusministerium

Nr. 695

Dr.-Ing. Walter Herding

Die Fahrdynamik und das Arbeitsspiel gleisloser Erdbaugeräte als Kalkulationsgrundlagen für die Bodenförderung und ihre Kosten

Als Manuskript gedruckt

SPRINGER FACHMEDIEN WIESBADEN GMBH

ISBN 978-3-663-03437-7 ISBN 978-3-663-04626-4 (eBook)
DOI 10.1007/978-3-663-04626-4

Gliederung

Vorwort

Die vorliegende Arbeit berichtet über Untersuchungen an gleislosen Erdbaugeräten, die der Verfasser auf Anregung von Herrn Professor Dr. G. GARBOTZ im Institut für Baumaschinen und Baubetrieb der Technischen Hochschule Aachen durchgeführt hat. Sie wurden dank der Unterstützung und durch das Entgegenkommen des Wirtschaftsministeriums für Nordrhein-Westfalen sowie folgender Firmen möglich:

Artur Simon, Köln
Hochtief-AG., Essen
Gebr. Jansen, Brüggen
Klammt, Herford
Philipp Holzmann AG., Frankfurt
Rhein. Braunkohle AG., Köln
Sanders aannemersbedrijf n.v. Delft (Holland)
Snepvangers, Apeldorn (Holland)
Strabag Bau AG., Köln
Stolberger Zink AG., Aachen

Mein besonderer Dank gilt Herrn Prof. Dr. G. GARBOTZ, der bereits im Jahre 1937 den gleislosen Erdbau der deutschen Bauindustrie nahebrachte, für seine großzügige und unermüdliche Förderung und für das Vertrauen bei der Übertragung der Forschungsarbeit.

Aachen, den 20. März 1956

Der Verfasser

1. Einleitung

1.1 Die geschichtliche Entwicklung

Die geschichtliche Entwicklung der gleislosen Erdbaumaschinen kann man in den meisten Ländern mit deren Lohn- und Preisgefüge in Verbindung bringen, denn steigende Lohne und sinkende Preise zwingen zur Mechanisierung der Betriebe. Da sich diese Tendenz in stärkerem Maße zuerst in Amerika zeigte, liegt dort u.a. auch der Ursprung des gleislosen Erdbaues.

Rückblickend wurde der heutige Ausbaugrad der Erdbaugeräte, zeitlich gesehen, abschnittsweise erreicht. So zog man in den 20er Jahren die fahrbahnunabhängige Fördermethode mit Hilfe von Raupen- und Reifengeräten dem starren Gleisbetrieb vor, wobei die im ersten Weltkrieg mit diesen Geräten gemachten Erfahrungen von der Privatindustrie geschickt ausgenutzt wurden.

Zunächst erwiesen sich Raupenfahrzeuge wirtschaftlicher als Reifengeräte, denn Letztere waren mit ihren Vollgummi- bzw. Hochdruckluftreifen zu bodenempfindlich und witterungsabhängig. Demgegenüber nahm man die geringe Transportgeschwindigkeit und den hohen Fahrwerksverschleiß der Kettenfahrzeuge bewußt in Kauf.

Etwa im Jahre 1934 sind dann Fahrzeuge mit großen Luftreifen entwickelt worden, die, ohne allzu witterungsempfindlich zu sein, hohe Fördergeschwindigkeiten zuließen. Dadurch wurde der gleislose Förderbetrieb auch bei größeren Transportentfernungen (etwa bis 5 km) wirtschaftlicher als der Bauzugbetrieb. Dies umso mehr, als man diese Fördergeräte mit mechanischen Kipp- bzw. Entleervorrichtungen versah, für immer größere Fassungsvermögen ausbildete und sogar so konstruierte, daß man mit ihnen den Abbau, Transport und Einbau des Bodens ausführen kann.

Während des letzten Krieges führten die Größe der Bauvorhaben und der Zwang zur möglichst weitgehenden Mechanisierung dazu, noch schnellere, robuste, universell verwenbare und leicht zu bedienende Einzelgeräte zu schaffen.

Diese Bestrebungen, die Geräte mit großen Niederdruck-Luftreifen und einem Nutzinhalt bis zu 33 m^3 herausbildeten, wurden nach dem Kriege fortgeführt und sind bis jetzt noch nicht abgeschlossen.

1.2 Der Stand des Gerätebaues in USA, England und Deutschland

So läßt der Stand des Gerätebaues in den USA, England und Deutschland folgende Typen erkennen:

1.21 Die wegen ihrer Abtrags-Arbeitsweise als Flachbagger zu bezeichnenden Geräte wie: Planierraupen und -reifenschlepper, Straßenhobel sowie Pflugbagger als Elevating-Grader oder Loader, Anhänge- und Motorschürfwagen.

1.22 Spezial Erdtransportfahrzeuge, die nur die Beförderung der Massen zur Einbaustelle übernehmen. Sie werden dabei an der Entnahmestelle entweder durch klassische Bagger oder über die Förderbänder von Pflugbaggern beladen.

Planierraupen sind infolge ihrer universellen Verwendbarkeit weit verbreitet. Sie werden in den USA seit 1923 gebaut, jedoch in Deutschland erst seit 1934. Inzwischen ist die Entwicklung soweit abgeschlossen, daß in dem grundsätzlichen Aufbau kaum noch Unterschiede bestehen. Das vor Kopf angebrachte Schild wird hydraulisch oder seilmechanisch betätigt und ist entweder als Brustschild (Bulldozer) oder Schwenkschild (Angledozer) ausgebildet. Es wird häufig wegen der besseren Schildfüllung mit Seitenblechen versehen und erreicht Abmessungen bis zu 4,70 m x 1,25 m. Für die Schildbreite im Vergleich zur PS-Zahl haben sich in Deutschland empirisch die aus dem Diagramm ersichtlichen Werte ergeben. Die Ausführungen der Schildkrümmung und des Anschnittwinkels schwanken in weiten Grenzen. Die Motoren sind mit Ausnahme der Deutz-Motoren wassergekühlt und in der Mehrzahl mit vier oder sechs Zylindern versehen. Ihre Drehzahlen liegen im allgemeinen zwischen 1000 und 18000 U/min.

Neuentwicklungen zeigen sich besonders bei der Kupplung und dem Schaltgetriebe. Man zieht in neuerer Zeit statt der mechanischen Einscheibenkupplung bei leichteren Raupen bzw. der Zweischeibenkupplung bei schwereren Raupen zur Schonung von Motor und Getriebe sowie zum Erreichen besonderer Anfahrverhältnisse die Turbo-Kupplung vor. Hierbei erfolgt die Kraftübertragung durch Öl.

Wie aus der Abbildung 3a ersichtlich ist, arbeitet eines der beiden gleichen Schaufelräder als Pumpe und das andere als Turbine. Infolge eines fehlenden Leitrades sind die Werte von Antriebs- und Abtriebs-

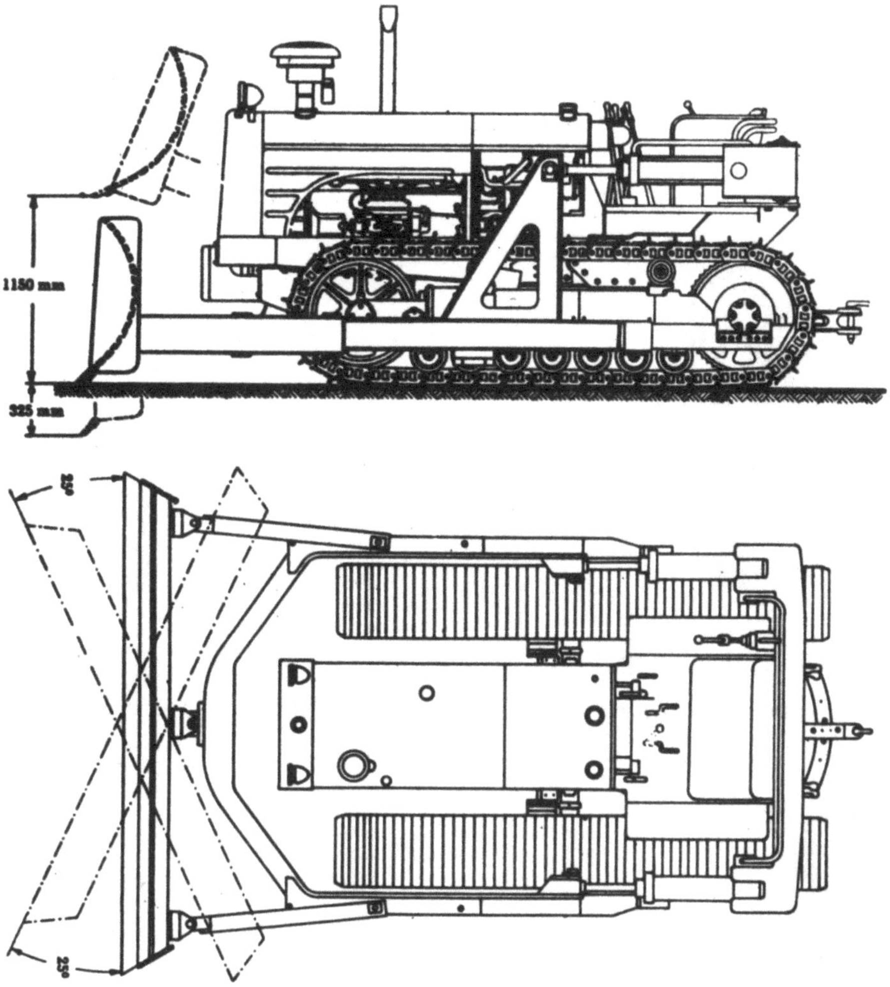

A b b i l d u n g 1
Planierraupe Hanomag K 90, Grund- und Aufriß

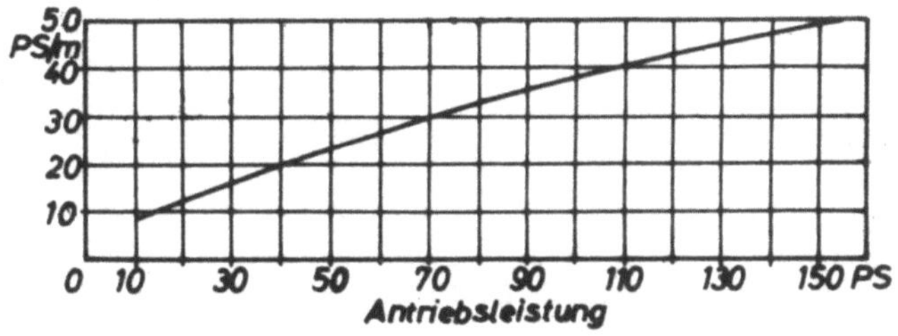

A b b i l d u n g 2
Diagramm (nach Drees) PS/m Schneide

moment gleich groß. Das Drehzahlverhältnis von $n_2 : n_1$ bezeichnet man als hydraulischen Wirkungsgrad. Es beträgt bei Höchstgeschwindigkeit eines Fahrzeuges 98 - 99 % [4].

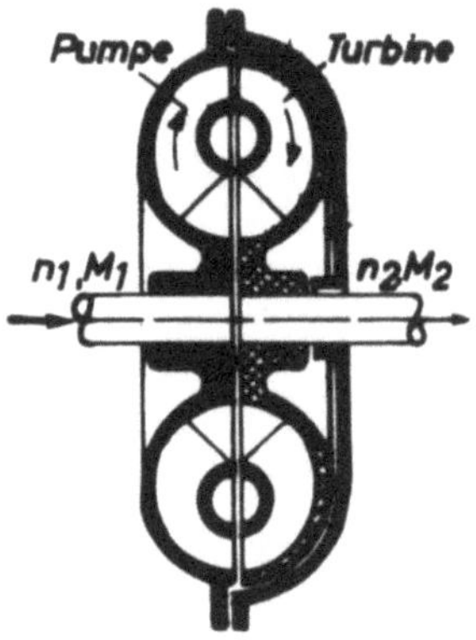

A b b i l d u n g 3a
Turbokupplung

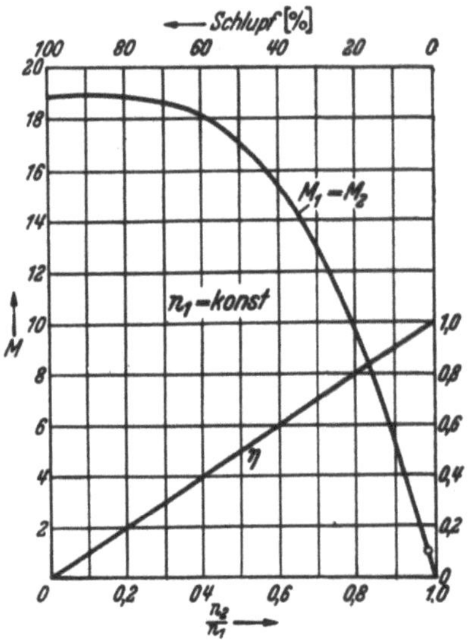

A b b i l d u n g 3b
Kennlinien der Kupplung

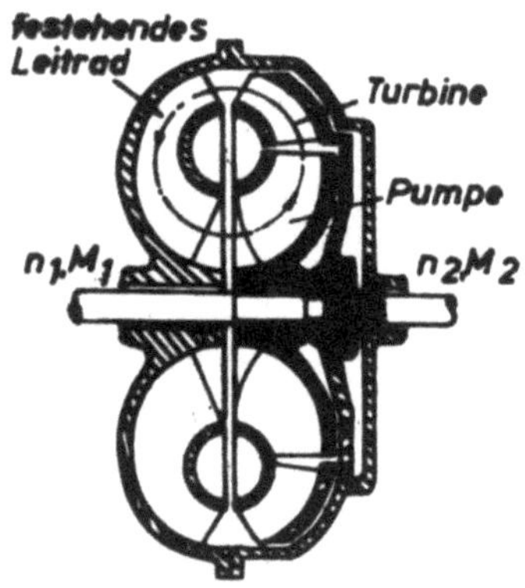

A b b i l d u n g 4
Hydraulisches Getriebe (nach Föttinger)

Die Aufnahme des Antriebs- bzw. Abtriebsmomentes, den Verlauf des Wirkungsgrades und den möglichen Schlupf zeigt die Abbildung 3b. Es ist zu erkennen, wie die Verbindung mit wachsender Beanspruchung starrer wird.

In der Getriebeentwicklung erwies sich der Einbau von Flüssigkeitsgetrieben (Drehmomentwandler) bei schweren Raupen als sehr vorteilhaft. Bei den gewöhnlich verwandten Fahrzeugtypen besteht der Konstruktionsunterschied gegenüber der Turbokupplung in dem Leitrad, das zusätzlich fest im Gehäuse eingebaut ist. So wird, z.B. beim Flüssigkeitsgetriebe der Abbildung 4 nach Föttinger, die vom Motor über die Antriebswelle zugeführte mechanische Energie im Pumpenrad in Form von Druck und Geschwindigkeitsenergie auf die Betriebsflüssigkeit (Öl) übertragen. Diese Energie bewirkt bei der folgenden Durchströmung des Turbinenlaufrades ein entsprechendes Drehmoment. Das Gegenmoment stützt sich am feststehenden Leitrad ab, so daß eine Bewegung des Turbinenrades durch die Umwandlung des Momentes erfolgt. Dadurch dreht sich die Abtriebswelle, deren Bewegung dann auf die Antriebsachse des Fahrzeuges übertragen werden kann. Das durchfließende Öl wird über Leitschaufeln dem Pumpenrad strömungstechnisch günstig wieder zugeführt.

Wie die Kennlinien der Abbildung 5 zeigen, wird das Motormoment entsprechend den Anforderungen des Fahrbetriebes stufenlos umgeformt. Setzt man z.B. das Antriebsdrehmoment $M_1 = 1$, so ist bei konstanter Drehzahl (n_1) des Motors das Abtriebsmoment (M_2) fast fünfmal so groß, wenn $n_2 \longrightarrow 0$ strebt. Somit steht bei geringen Geschwindigkeiten des Fahrzeuges ein großes Abtriebsmoment zur Verfügung, so daß eine schnelle, aber stetige und stoßfreie Beschleunigung möglich ist. Der Wirkungsgrad kann 85 % erreichen und ist im allgemeinen geringer als bei mechanischen Getrieben. Der Einbau von Drehmomentwandlern ermöglicht es somit, auch bei geforderten verschiedenen Abtriebsdrehzahlen, den Motor im Drehzahlbereich seiner maximalen Leistung zu betreiben. Der Motor wird bei dieser Bauart auch bei starkem Geschwindigkeitsabfall des Fahrzeugs nicht abgewürgt und die mögliche Arbeitsgeschwindigkeit als Funktion der Belastung selbsttätig reguliert.

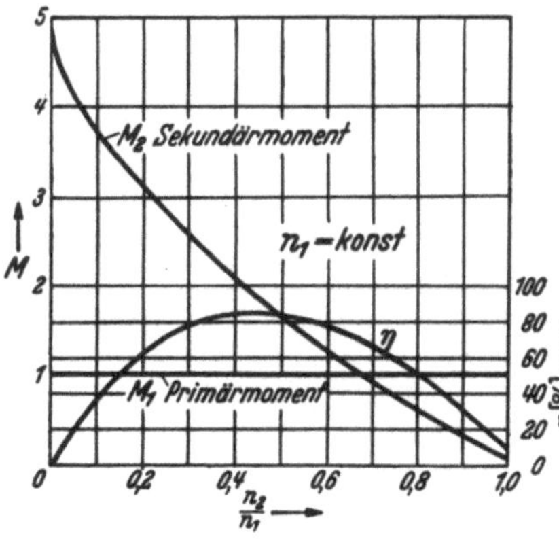

Abbildung 5
Kennlinien des hydraulischen Getriebes nach Föttinger

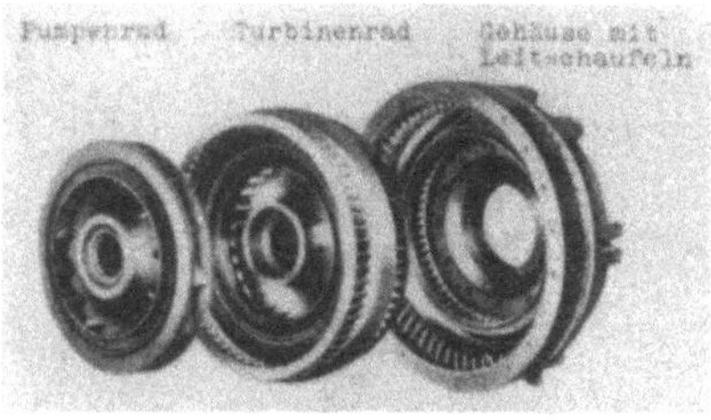

Abbildung 6
Drehmomentenwandler für schwere Fahrzeuge. Typ: Twin Disc

Bei deutschen Bauarten verwendet man das Flüssigkeitsgetriebe bisher noch selten, weil der verminderte Wirkungsgrad bei den Geräten mittlerer PS-Leistung vermieden werden soll. Allerdings sind Wendegetriebe, die einen schnellen Wechsel vom Vorwärts- zum Rückwärtsgang durch Auskuppeln und Hebelbetätigung ermöglichen und sogar halbautomatische Getriebe (z.B. Schubradgetriebe mit Vorwähleinrichtung, die eine Gangwahl für die Vor- und Rückfahrt vor Arbeitsbeginn ermöglichen) entwickelt worden, durch die sich die Schaltzeiten verringern lassen.

Das Fahrwerk sämtlicher Raupen ist der empfindlichste Teil, weil einerseits hohe Geschwindigkeiten gefordert werden und andererseits der Verschleiß und die Schwingungen gering und die Schmierung gewährleistet sein müsse. Man hat inzwischen die unten im Fahrwerk liegenden Laufrollen vergrößert. Ferner ist die 1000-h-Schmierung der Allis-Chalmers-Geräte zu erwähnen, die u.a. durch die Entwicklung einer wirksameren Abdichtung der Laufrollen möglich wurde (geringere Wartungszeit). Zu erwähnen ist weiterhin die neuartige, von der üblichen Konstruktion abweichende Fahrwerksausbildung der Vickers-Raupen.

Bedeutung hat in diesem Zusammenhang die 2 x 190 PS starke Planierraupe von Euclid. Jeder Motor treibt eine Raupenkette an, so daß sich bei der Kurvenfahrt durch deren mögliche Gegenläufigkeit kleine Radien ergeben. Dasselbe erreicht z.B. die Firma Caterpillar mit der unter der Bezeichnung "Siamesen-Cat" in den Handel gebrachten starren Verbindung von 2 Raupen D 8. Hierbei werden alle Bedienungshebel außer für Steuer und Gas miteinander verkuppelt. Die inneren Ketten fallen weg.

Planierreifenschlepper baute man bis vor kurzer Zeit nur in den USA. Die Firmen Le Tourneau (750, 300, 186, 112 PS), Allis-Chalmers (300 PS), Caterpillar (225 PS), Manufacturing (125 PS) und Clark (165 PS) nutzten die bereits erwähnten neueren Erkenntnisse in der Kupplungs- und Getriebetechnik aus. Jedoch wurden bisher nur die Tourneau- und Clark-Geräte ausschließlich auf die Planierarbeit abgestimmt.

Neuerdings stellt in Deutschland die Firma Henschel u. Sohn, Kassel, einen 200-PS-Reifenschlepper her, der als Besonderheit ein hydraulisches Getriebe (nach THOMA) aufweist.

Bei den Neuentwicklungen von Straßenhobeln (Gradern) ist in Deutschland ihre Ausbildung als Geräteträger bemerkenswert. Während Straßenhobel im allgemeinen zwei- oder dreiachsig mit Motorleistungen von 30 bis 130 PS und einer raumbeweglichen gekrümmten Pflugschar zwischen den Achsen mit Abmessungen bis zu 4,80 m x 0,50 m seit längerer Zeit gebaut werden, sollen z.B. bei einer neuen Frisch-Konstruktion Vorrichtungen an dem Gerät angebracht werden, die das Anhängen von Aufreißern, Glattwalzen und Kehr- und Streumaschinen ermöglichen. Man zieht in Erwägung, Aufreißer und Glattwalzen hydraulisch gegen den Boden zu drücken. Die Hydraulik soll sich dabei auf der Hinterachse des Straßenhobels abstützen.

Die Querverschiebbarkeit der Schar wie auch die übrigen Arbeitsbewegungen der Straßenhobel werden von Hand, handmaschinell oder neuerdings häufig hydraulisch erreicht. Die hydraulische Lenkhilfe beschränkt sich auf größere Geräte.

A b b i l d u n g 7

In sich abgeschlossen scheint die Entwicklung der Anhängeschürfwagen zu sein. Die seit kurzer Zeit in Deutschland hergestellten Größen (1,0; 4,5 und 6 m^3) zeigen jedenfalls kaum Abweichungen von den bisherigen Konstruktionen.

A b b i l d u n g 8

Straßenhobel, Anhänge- und Motorschürfwagen

Anders liegen die Verhältniss beim Motorschürfwagen, wie die auf Zugmaschinen aufgesattelten Einachsschürfwagen bezeichnet werden. Hydraulisch betätigte Kupplungen (z.B. Euclid 16 TDT 23 SH), Zehngang- und hydraulische Getriebe sowie hydraulische Steuerungen sind bei neueren Konstruktionen nicht selten.

Durch selbsthemmende Differentiale kann man es ermöglichen, daß der Kraftschluß zweier Antriebsräder einer Achse, z.B. bei Le Tourneau, ein

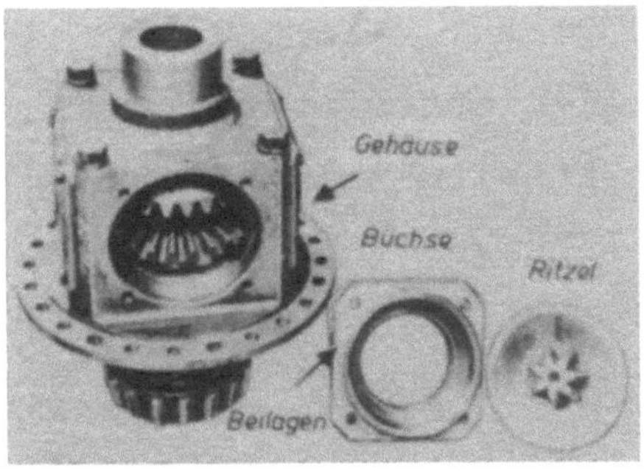

A b b i l d u n g 9
Tournamatic-Differential

A b b i l d u n g 10
Schürfwagen - 300 PS

Verhältnis von 4 : 1 erreichen kann (Abb. 9). Zugleich wird dabei der einseitige Schlupf weitgehend vermieden. Bei größerem Unterschied dreht sich das Ritzel in der Büchse, das Differential kompensiert wie üblich: Inzwischen hat sich auch eine Sonderkonstruktion der Firma Euclid bewährt. Hierbei wird die belastete Hinterachse durch einen zusätzlichen Motor (Heckmotor) angetrieben und dadurch der Kraftschluß der Hinterräder beim Schürfen, bei Steigungen usw. ausgenutzt. Ferner erprobt Euclid neue vierrad-angetriebene Schürfwagen, bei denen der 300 PS starke Dieselmotor hinter dem Schürfkübel liegt. Die Kraftübertragung zu den Vorderrädern erfolgt über Gelenke und eine seitlich am Kübel angeordnete Welle. Die besonderen Vorteile dieses Gerätes, das die Abbildung 10 zeigt, liegen neben der selbständigen Schürfarbeit in den kleinen Wenderadien und der guten Manöverierfähigkeit. Das Gerät kann mit oder ohne hydraulisch betätigtem Planierschild geliefert werden.

Le Tourneau geht neuerdings für die Bedienung der elektrischen Steuerung von dem bisherigen fingerbetätigten Kontakt nach Abbildung 11 zum Lenkrad (Tournapull B) über, wie dies die Abbildung 12 zeigt.

Bei den Pflugbaggern, die entweder mit einer Diskus-Pflugschar (Elevating Grader) oder mit einer geraden Pflugschar (Loader) ausgerüstet sind, liegen ausgereifte Konstruktionen vor. Sie haben sich infolgedessen in neuerer Zeit nur unwesentlich verändert. Daneben gibt es noch eine Zusatz-Elevating-Gradeeiinrichtung zum Straßenhobel.

Diese Geräte lösen den Boden kontinuierlich und beladen über Förderbänder mit Breiten bis zu 1372 mm und 275 PS Motorleistungen bei Geschwindigkeiten bis zu 2,7 m/s Spezial-Erdtransportfahrzeuge.

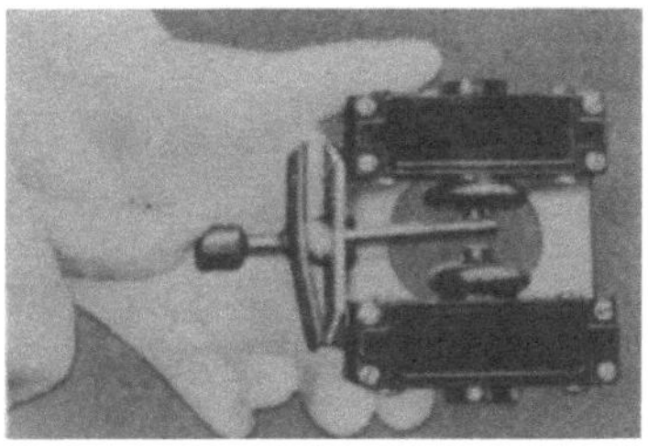

A b b i l d u n g 11
Mikro-Kontakte als Steuer-
elemente bei "Le Tourneau"

A b b i l d u n g 12
Lenkrad Tournapull B

Hierfür kommen allerdings nur Hinterkipper und Bodenentleerer in Frage, weil der dritte Typ, die zweiachsigen Vorderkipper, nur bis zu 4 m^3 Muldeninhalt gebaut wird. Bei den letzteren wird die Wendigkeit und Einsatzmöglichkeit auf engen Erd- und Felsbaustellen kleineren Umfangs oft dadurch erhöht, daß der Fahrersitz einschließlich Bedienungshebel um 180° drehbar ist und so ein Pendelverkehr ohne Wenden zwischen Be- und Entladungsstelle möglich wird. Die Entleerung und das Zurückschlagen der Kippmulde erfolgen durch Hebelauslösung und geschickte Anordnung der Schwerpunktslage der Mulde.

A b b i l d u n g 13
Vorderkipper - Hinterkipper - Bodenentleerer

Hinterkipper und Bodenentleerer hat man ebenso wie die Schürfwagen als selbstfahrbare, aufgesattelte oder angehängte Geräte entwickelt, wobei häufig universell verwendbare ein- oder zweiachsige Zugmaschinen Verwendung finden.

Die Kipp- bzw. Verschlußvorrichtungen werden in der Regel hydraulisch betätigt und die Nutzinhalte gehen bis zu 33 bzw. 31 m^3. Motor, Lenkung und Getriebe zeigen infolge der Bodenverhältnisse und Rollwiderstände eine ähnliche Entwicklung wie die der Schürfwagen.

So sind zum Beispiel Einzel- und Doppelmotoren mit Leistungen bis zu je 350 PS, elektrische oder hydraulische Lenkhilfen, selbsthemmende Differentiale, bis zu Zehngang- bzw. halbautomatische Getriebe, Drehmomentwandler sowie Planetengetriebe in den Radnaben anzutreffen. Letztere haben für die Untersetzung der Hinterachse (bis 5 : 1) den Zweck, den Antrieb der Treibräder ohne wesentliche Torsionsbeanspruchung der Konstruktionsteile zwischen Motor und Rad zu ermöglichen, so daß insgesamt Untersetzungen bis 20 : 1 zu erreichen sind.

Dagegen werden in Deutschland bisher nur selbstfahrbare Vorder- und Hinterkipper mit Motorleistungen bis 250 PS und Nutzinhalten bis 12 m^3 gebaut. Auch verwendet man im Gegensatz zu den USA nur Hochdruckreifen bis 16.00 - 24. Die Hinterachsen sind bisher noch nicht gefedert, wie dies, z.B. bei Euclid, neuerdings zur Schonung der Bedienungsmannschaft, der Geräte und Reifen der Fall ist.

1.3 Der Stand der Forschung in Deutschland

Die stärkere Mechanisierung der deutschen Erdbaustellen wurde seit dem Kriege und insbesondere in den letzten fünf Jahren aus den bereits unter 1. erwähnten Gründen zwingend notwendig. Diese Tatsache und die Größe der Bauaufgaben führten in Deutschland zum Einsatz der seinerzeit in den USA unter dem gleichen Gesichtswinkel eingesetzten Reifengeräte, insbesondere der Motorschürfwagen und Spezial-Erdtransportfahrzeuge.

Dabei ließen sich die amerikanischen Forschungsergebnisse und Erfahrungen nur sehr bedingt übertragen, so daß mit der Einfuhr dieser Geräte zugleich neue Forschungsaufgaben entstanden. Es ist auch wohl verständlich, daß auf diesem Gebiete bisher weniger Arbeiten vorliegen als auf dem Gebiete des Einsatzes von Raupengeräten, mit dem man ja bereits vor etwa 20 Jahren begonnen hat. Hier sind die technischen und wirtschaftlichen Verwendungsbereiche in vorliegenden Arbeiten - zum Beispiel: RÖSSLER, KÜHN - und durch die langjährigen Erfahrungen der Unternehmer weitgehend abgegrenzt; aber die maschinentechnischen Untersuchungen über: Schubkraftbedarf, Motorauslastung beim Arbeitsspiel, Schlupf, zweckmäßigste Schildkrümmung usw. sind noch nicht abgeschlossen oder ihre Ergebnisse wurden noch nicht veröffentlicht. Über die Verwendung der Planierraupe als Schubhilfe beim hiesigen Schürfwageneinsatz liegen noch keine Angaben vor.

Über den zweckmäßigen Einsatz der Reifengeräte lassen insbesondere die umfassenden Arbeiten von GABAY und KÜHN interessante Aufschlüsse zu. Sie sind jedoch durch die fehlenden Versuche auf deutschen Baustellen zu wenig auf diese speziellen Verhältnisse zugeschnitten. Eine Verallgemeinerung der Ergebnisse würde also zumindest gewagt sein. Der Fahrbetrieb der durch klassische Bagger beladenen Erdtransportwagen wird in Arbeiten von GARBOTZ und MÜLLER [11] behandelt. Dagegen fehlen, wenn man von den Feststellungen in Steinbruch- und Erzbergbaubetrieben absieht [53], differenzierte Vergleiche zwischen dem gleislosen und dem gleisgebundenen Betrieb unter deutschen Verhältnissen in der Literatur.

Umfangreiche und ausführliche Forschungsergebnisse liegen über Reifenuntersuchungen aus dem Ausland vor. Aber auch in Deutschland ergaben sich inzwischen durch die Bearbeitung der landwirtschaftlichen Reifenschlepper-Probleme interessante Erkenntnisse. Auf dem Sondergebiet der Wasserfüllung der Schlepper-Reifen zeigt eine Arbeit [10] des Instituts für Schlepperforschung in Völkenrode bei einem Innendruck der Reifen um 1,0 atü durch diese zusätzliche Belastung einen erhöhten Kraftschluß der Ackerschlepper. Derartige Versuchsergebnisse von Niederdruckreifen der Erdbaugeräte wurden bisher nicht veröffentlicht.

Für den Sonderfall, daß Erdtransportwagen ohne hydraulische Getriebe bzw. Drehmomentwandler auf befestigten Fahrbahnen eingesetzt werden können, liegen für die Bestimmung der Fahrzeit und des Kraftstoffverbrauchs ausgereifte Forschungsarbeiten von MÜLLER und VERHASSELT vor, auf die in Abschnitt 2 eingegangen wird. So ergab das Literaturstudium, daß außer den bereits erwähnten Einzelpunkten

die Kalkulations- und Wirtschaftlichkeitsfragen der gleislosen Erdbaugeräte bei deutschen Verhältnissen wenig geklärt sind,

die vorhandene Literatur[1)] keine treffsichere Kalkulation gestattet, weil die Angaben über die Transportbedingungen fehlen. (Das gilt ganz

1. Das Buch von Dr.-Ing. G. KÜHN "Der gleislose Erdbau" Springer-Verlag 1956, konnte nicht herangezogen werden, da es erst nach Abgabe dieser Arbeit erschienen ist.

besonders für die aufgesattelte bzw. angehängte Schürfwagen und Reifenschlepper),

die wirtschaftlichste Schichtlänge und die Lohnfrage des Fahrpersonals der Erdbaugeräte einer Klärung bedarf,

die Berufskrankheiten nicht erkannt sind und die Unfallvorschriften ergänzt werden müssen.

2. Die Fahrdynamik im gleislosen Erdbau

2.1 Die bisherigen Methoden zur Bestimmung der Zeit- und Kraftstoffwerte bei Lastwagen

Für die Bestimmung der wirtschaftlichen Komponenten bei Kraftwagenfahrten auf befestigten Straßen sind bisher folgende Verfahren entwickelt worden:

2.11 Das überschlägliche rechnerische Verfahren, nach dem aus der geschätzten mittleren Geschwindigkeit und der zurückgelegten Strecke die Fahrzeit $t = \frac{L}{V}$ ermittelt wird. Der Kraftstoffverbrauch wird in (k/km), (g/min), (kg/h), (g/PSh) oder (l/100 km) angegeben.

2.12 Das zeichnerische Δ t-Verfahren [14] mit Streckenkraftlinie, das sehr genaue Zeit- und Kraftstoffwerte ergibt, weil Fahrzeugtyp, Auslastung, Streckeneignung, Wannen- und Kuppenausrundungen usw. berücksichtigt werden. Es ist jedoch zeitraubend und kommt nur für spezielle Fälle in Frage.

2.13 Ein rechnerisches Verfahren [12], das einen geringeren Zeitaufwand als 2.12 erfordert. Ein Fehler von 1 - 2 % gegenüber 2.12 muß dabei allerdings in Kauf genommen werden.

2.14 Das rechnerische Verfahren [14] mit Hilfe des vereinfachten Betriebsdiagrammes. Es führt schnell zum Ergebnis, weil mit gleichbleibenden Neigungen und Schaltgeschwindigkeiten gerechnet wird. Es eignet sich nur für Überschlagsrechnungen. Die größere Genauigkeit gegenüber 2.11 ergibt sich daraus, daß Fahrzeugtyp, Auslastung und die gemittelte Streckenneigung berücksichtigt werden.

2.15 Ein rechnerisches Verfahren [13], das, wie Versuche gezeigt haben, etwa die Genauigkeit des Δt-Verfahrens erreicht. Der Zeitaufwand ist jedoch geringer als zu 2.12.

Für die Anwendung der vorliegenden Berechnungsmethoden müssen u.a. der Fahrbahnwiderstand und das Längsprofil bekannt sein. Ihre Ermittlung ist nach der neu entwickelten Methode von GRASSMANN [15] genau und wenig zeitraubend.

Der Grundgedanke der Verfahren 2.12 bis 2.15 besteht darin, bei gegebenen Widerständen einerseits von der Umdrehungszahl der Motorwelle über ein starres Getriebe und dem Durchmesser des Antriebsrades auf die Geschwindigkeit zu schließen, um andererseits die Zugkraft am Triebradumfang durch den Quotienten von Motorleistung und Geschwindigkeit zu erhalten.

2.2 Die Möglichkeiten der Übertragung der beschriebenen Methoden auf den Baustellenbetrieb

Die Voraussetzungen des starren Getriebes treffen bei Erdbaugeräten, wie aus 1.2 hervorgeht, nur noch bei kleineren Spezial-Erdtransportfahrzeugen zu. Somit beschränken sich die vorerwähnten Verfahren auf den Einsatz dieser Geräte und sind hier, wenn die Verhältnisse beim Beladegerät und auf der Kippe geklärt sind, ohne weiteres zu übertragen, so lange ausgebaute Fahrbahnen benutzt werden. Dabei ist die Genauigkeit der Rechnung mit Hilfe der vereinfachten Betriebsdiagramme ausreichend, weil bei einer gesteigerten Berechnungsgenauigkeit die Fehler überwiegen, die infolge der örtlichen Gegebenheiten der Baustelle unvermeidlich sind. Für die Vorausberechnung des Kraftstoffverbrauches treffen dieselben Überlegungen zu. Die Durchführung der Rechnung dieses Verfahrens sowie die Anwendung der Methode nach 2.11 bedürfen keiner weiteren Erörterung.

Bei den Geräten mit hydraulischem Getriebe (z.B. Drehmomentwandlern) kann nach den Ausführungen in 1.2 nicht unmittelbar von der Wellendrehzahl des Motors auf die Geschwindigkeit oder Zugkraft am Triebradumfang geschlossen werden.

Gegen die Anwendungsmöglichkeiten sprechen folgende Überlegungen:

2.21 Die Voraussetzungen für die exakte Bestimmung des Grund- und Steigungswiderstandes sowie der Haftreibung sind infolge der Boden- und Geländeverhältnisse der Baustelle in Verbindung mit der Reifenbeschaffenheit nicht gegeben.

2.22 Die Ermittlung des Kraftstoffverbrauches wird insbesondere bei Teilbeanspruchungen des Motors unübersichtlich.

2.23 Selbst auf einer als ideal anzusehenden Baustelle verändern sich die den Berechnungsmethoden zugrunde liegenden Werte infolge des Schlupfes, der Fahrbahnwelligkeit, der Witterung und der über dem Förderweg veränderlichen Bodenarten in einem Ausmaß, das den Wert eines feinfühligen Verfahrens in Frage stellt.

Aus dem Vergleich der Vor- und Nachteile ergibt sich, daß eine theoretische Vorausberechnung der Fahrzeit und des Kraftstoffverbrauches nicht nur zeitraubend, sondern auch sehr ungenau sein muß. Somit bleibt nur die Möglichkeit, aus einer Vielzahl von geschickt angeordneten praktischen Untersuchungen die notwendigen Einzelwerte zu ermitteln, um mit ihrer Hilfe Diagramme aufzustellen, die bei ähnlichen Baustellenverhältnissen als Kalkulationsgrundlage eine genügende Sicherheit garantieren.

Unter diesem Gesichtswinkel ist das nun folgende Verfahren entwickelt worden.

2.3 Die grundsätzlichen Zusammenhänge in der Fahrdynamik

Allgemein bestehen außer dem dynamischen Grundgesetz $P = m \cdot b$ zwischen der konstanten Beschleunigung (b), der Geschwindigkeit (v), der Zeit (t) und dem Weg (s) die Beziehungen:

$$\boxed{\frac{p}{m} = b = \frac{d_v}{d_t}} = \frac{d^2 s}{dt^2} = \text{constant}$$

d.h. (b) hat in allen Punkten den gleichen Betrag und die gleiche Richtung. Diese Voraussetzung trifft bei den beschriebenen Geräten innerhalb der Gangbereiche (wie sich aus den Erläuterungen zu Abb. 5 ergibt) mit guter Genauigkeit zu.

Durch zweifache Integration kann man aus der obigen Beziehung die Weg-Zeit-Funktion bestimmen:

Aus $\int dv = \int b \cdot dt$ folgt $v = b \cdot t + C_1$

Für $t_o = 0$ ist $v_o = C_1$ = Anfangsgeschwindigkeit.

Somit ergibt sich zunächst:

$$\boxed{v = b \cdot t + v_o} = \frac{ds}{dt}$$

Durch weitere Integration erhält man:

$$\int ds = \int v dt = \int (b \cdot t + v_o)\, dt$$

$$s = \frac{bt^2}{2} + v_o \cdot t + C_2$$

und für $t_o = 0 \longrightarrow s_o = C_2$ = Anfangsweg

Somit $$\boxed{s = \frac{bt^2}{2} + v_o \cdot t + s_o}$$

Nun besteht z.B. das Arbeitsspiel eines Schürfwagens, wie es in Abbildung 14 dargestellt ist, in der Arbeitsfolge aus dem Warten auf die Schubhilfe, dem Schürfen, der Lastfahrt, dem Wenden und Entleeren, der Leerfahrt sowie dem Wenden und Bereitstellen an der Entnahmestelle.

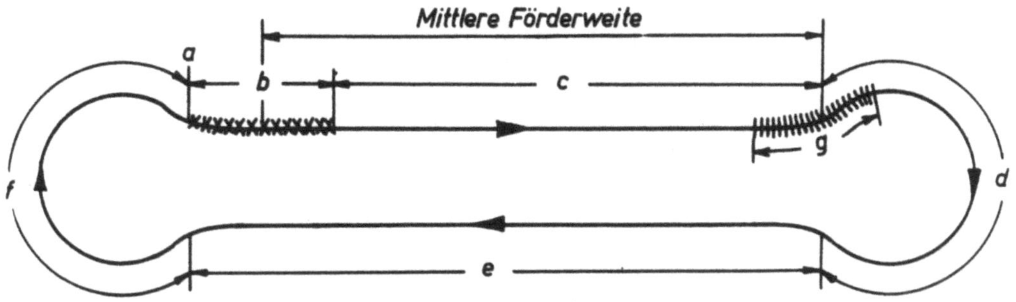

A b b i l d u n g 14

Schematische Darstellung eines Schürfwagenarbeitsspieles

Mittlere Förderweite = $\frac{c+e}{2}$ = der dem Fahrweg folgenden Entfernung zwischen den Schwerpunkten der Entnahme- und Einbaustelle

a) Warten auf die Schubraupe
b) Schürfen
c) Lastfahrt
d) Wenden u. tlw. Entleeren
e) Leerfahrt
f) Wenden und Bereitstellen
g) Entleeren

Daraus ließe sich für die Arbeitsspieldauer, die nach Refa als Grundzeit (t_g) bezeichnet werden kann, eine sinnvolle Unterteilung in eine Hauptzeit (t_h), eine Nebenzeit (t_n) und eine Wartezeit (t_w) herleiten. Dabei müßte man als Hauptzeit die Summe der Zeiten für das Schürfen, Lastfahren und Entleeren betrachten, während die Nebenzeit die Zeitabschnitte des Wendens und der Leerfahrt einschließen könnte. Die Wartezeit würde man, soweit sie regelmäßig auftritt, separat erfassen. Sie läßt sich an Hand der Betriebsverhältnisse (Zahl der Schubraupen und Schürfwagen, Entfernung der Entnahmestellen usw.) unschwer ermitteln. Auch die für das Schürfen, Wenden, Entleeren und Bereitstellen benötigten Zeiten kann man, wie Baustellenstudien ergaben, für jeden Gerätetyp in Abhängigkeit von der Bodenart festlegen, indem man eine genügende Anzahl örtlich festgestellter Zeitwerte mittelt. Die fahrdynamischen Untersuchungen können sich daher auf die Last- und Leerfahrten der Schürfwagen beschränken.

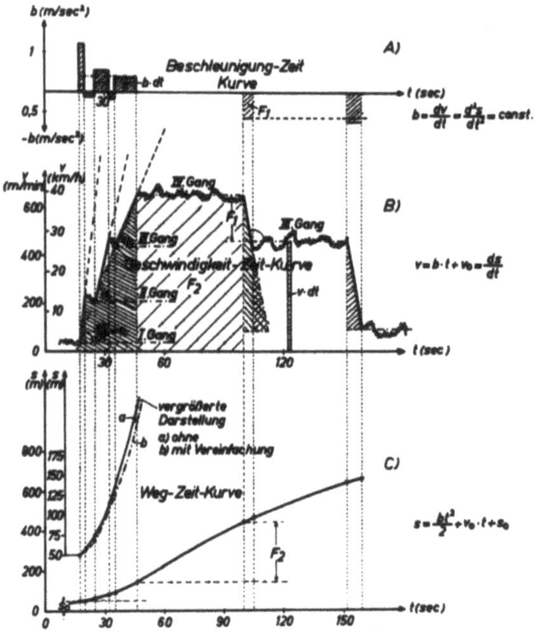

A b b i l d u n g 15

Beschleunigung und Weg als Funktion der Geschwindigkeit und der Zeit (Angenommen Last- bzw. Leerfahrt eines Motorschürfwagens)

Die Aufnahme eines Zeit-Geschwindigkeits-Diagrammes einer Last- bzw. Leerfahrt des Motorschürfwagens z.B. muß überlegungsmäßig eine Darstellung ergeben, wie sie die Abbildung 15B zeigt. Die Beschleunigung beim Anfahren wird durch die abnehmenden Zugkräfte bei steigender Gangzahl infolge der grundsätzlichen Beziehung $b = \frac{P}{m}$ kleiner. Diese Tatsache ergibt sich nach Abbildung 15B aus dem Vergleich der Tangentenwinkel α, die entsprechend den angeführten Gleichungen den Anstieg angeben. Deutlicher zeigt sie sich in der Darstellung des b/t-Diagrammes (Abb. 15A) oder durch Differentiation der v/t-Kurve.

Ferner lassen die funktionell voneinander abhängigen Diagramme der Abbildung 15 folgendes erkennen:

2.31 Die Fläche unter der Beschleunigungs-Zeit-Kurve entspricht der Zunahme der Geschwindigkeit; denn es gilt:

$$\boxed{v = v_o + \int b \, dt}$$

2.32 Die Fläche unter der Geschwindigkeits-Zeit-Kurve entspricht der Zunahme des Weges. Es ist nämlich:

$$\boxed{s = s_o + \int v \, dt}$$

2.33 Die Beschleunigung ist positiv, solange der Steigungswinkel $\alpha < 90^\circ$ bleibt und negativ bei größerem Winkel (Verzögerung z.B. beim Schalten).

2.34 Die Aufnahme des v/t-Diagrammes ist für die Untersuchung der Verhältnisse bei der Last- bzw. Leerfahrt anzustreben.

2.4 Das neue Verfahren zur Bestimmung der Grundzeit (t_g)

Die exakte Auswertung derartiger Diagramme, wie sie in Abbildung 15 wiedergegeben sind, ist aus zeitlichen Gründen nicht durchführbar. Man sollte sie auch nicht anstreben, weil die erforderliche Genauigkeit mit geringerem Zeitaufwand erreicht werden kann. Das ist z.B. der Fall, wenn man als Näherung einen gemittelten Geschwindigkeitsanstieg bei der Auswertarbeit berücksichtigt.

Die negative Beschleunigung (Verzögerung) als Funktion der Verzögerungskraft wird immer nur in kleinen Grenzen variieren und ist somit, wie aus dem Diagramm ersichtlich, gut zu erfassen.

Der durch die Vereinfachung bei der Weg-Zeit-Kurve entstandene und in Abbildung 15C dargestellte Fehler (zeitlich ~5 s, wegmäßig ~10 m) ist in

Anbetracht der Baustellenverhältnisse zu tragen. Außerdem sind die praktischen Schaltzeiten, die die Fehlergrenze wesentlich bestimmen, meist kürzer als in diesem Beispiel angenommen worden ist.

Nach Einführung dieser Näherung ergibt sich für ein gesamtes Arbeitsspiel die folgende Darstellung (Abb. 16):

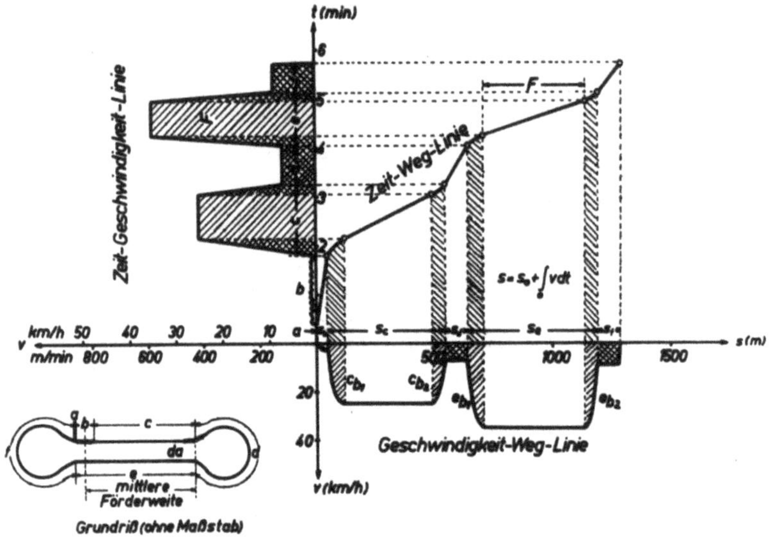

A b b i l d u n g 16

Die fahrdynamischen Größen eines angenommenen Motor-Schürfwagen-Arbeitsspieles (mittlere Förderweite ca. 525 m)

Dabei zeigt sich, daß auf Grund der auf Seite 24 erwähnten Baustellenstudien eine Möglichkeit besteht, einerseits die nur in kleinen Grenzen schwankenden, andererseits die von der Förderweite abhängigen Zeiten zusammenzufassen. Somit lassen sich mit einer Genauigkeit, die für die Kalkulation ausreicht, die konstante Zeit (t_k) und die variable Zeit (t_v) unterscheiden. Es ist deshalb zweckmäßig, die zunächst angeführte Aufteilung der Grundzeit (t_g) in (t_h), (t_n) und (t_w), durch die begründete Gliederung (t_k) und (t_v) zu ersetzen.

Nach dem Diagramm der Abbildung 16 umfaßt

(a) das arbeitsbedingte Warten auf die Schubraupe,

(b) das Schürfen,

($c_{b_{1+2}}$) das Beschleunigen und Verzögern bei der Lastfahrt,

(d) das Wenden und Entleeren,

$(e_{b_{1+2}})$ das Beschleunigen und Verzögern bei der Leerfahrt,
(f) das Wenden und Bereitstellen.

Die Zeit (t_v) wird ausschließlich durch die mittlere Geschwindigkeit und die Transportentfernung bestimmt. Die Reihenfolge innerhalb von (t_v) und die Überlegung, daß die mittlere Förderweite sich, wie aus der Abbildung 14 hervorgeht, zu $\frac{1}{2}(s_c + s_e)$ ergibt, ganz gleich, ob man zu Anfang oder am Schluß der Wendung kippt, zeigen die Möglichkeiten auf, einen Maßstab für die mittlere Förderweite zu erhalten. Sie wird unter 2.6 in Verbindung mit der Abbildung 17 näher erläutert.

Die Grundzeit (t_g) als Funktion der Förderweite bzw. Umlaufstrecke ist dort unmittelbar abzugreifen oder auf dem Zeit-Weg-Streifen abzulsen.

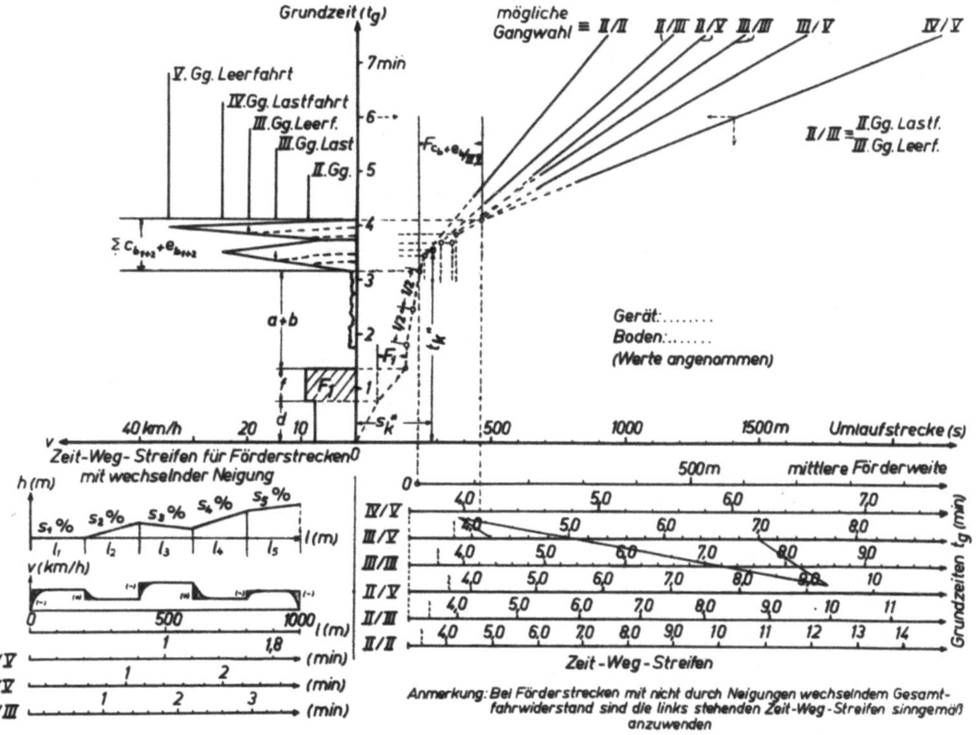

A b b i l d u n g 17
Grundzeitdiagramm für Förderstrecken
mit nicht wechselndem Gesamtfahrwiderstand

2.41 Der Fahr- und Steigungswiderstand, wobei erster sich aus $w_1 + w_2$, nämlich dem Widerstand der Reibung der Radlager und dem Walk- und Rollwiderstand zusammengesetzt, werden nach eingehenden Baustellenstudien zweckmäßig dadurch berücksichtigt, daß die für seine Überwindung erforderliche Gangschaltung bestimmt wird. Sowohl der Fahrwiderstand als auch (nach MÜLLER [12]) der Steigungswiderstand können in Prozenten des Bruttogewichtes ausgedrückt werden. So sind zum Beispiel in der nachstehenden Tabelle Fahrwiderstände angegeben. Sie sind von der amerikanischen Firma Euclid Road Machinery Co. übernommen und stützen sich ab auf umfangreiche Baustellenversuche. Auf ihre Überprüfung muß im Rahmen dieser Arbeit leider aus finanziellen Gründen verzichtet werden.

Tabelle 1

Fahrwiderstände moderner Erdbau-Reifengeräte als Summe von Reibungs-, Roll- und Walkwiderständen
(nach Euclid)

Beschaffenheit des Transportweges	kg pro Tonne Gesamtgewicht	Fahrwiderstand in % des Bruttogewichtes
Beton, Asphalt	15	1,5
Kies oder Erde, glatt, gut erhalten, hart, kein loses Material, trocken	20	2
Kies oder Erde, nicht fest gepackt, zum Teil loses Material, trocken	30	3
weiche Erde, schlecht erhalten	40	4
nasse, schlammige Decke auf festem Untergrund	40	4
Schnee, zusammengepackt	25	2,5
Schnee, locker, ca. 100 mm hoch	45	4,5
weicher, zerfahrener Boden oder lockere Anschüttung	80	8
lockerer Sand oder Kies	100	10
tief ausgefahrener oder weicher, nachgiebiger Untergrund	160	16

Der Wert des Steigungswiderstandes s(kg/t) ist nach MÜLLER [14] bis zu 6° mit genügender Genauigkeit der Neigung s (%) gleichzusetzen. Bei größerem Steigungsmaß (> 12 ‰) ist der Wert zu korrigieren. Ein Diagramm für den Korrekturfaktor stellte KRIEGER [2] auf.

Da man nun auch die algebraische Summe der ermittelten Werte (in Prozent des Bruttogewichtes) Steigungen gleichsetzen kann, ist eine Ermittlung der für die Überwindung dieser Steigungen erforderlichen Gangwahl möglich, wenn das Steigvermögen des Gerätes bekannt ist. Man legt zweckmäßig die größtmögliche Getriebeuntersetzung zugrunde.

Allerdings führt die Berechnung des Steigvermögens von Schwerfahrzeugen mit Drehmomentwandler nicht zu den gewünschten Ergebnissen, wenn man sie an Hand der bisher angeführten Formeln (z.B. [14]) durchführt. Man kann nämlich dann den Einfluß der Drehmomentwandler auf den Wirkungsgrad der Kraftübertragung von der Motorwelle zum Triebradumfang in der Berechnung nicht berücksichtigen.

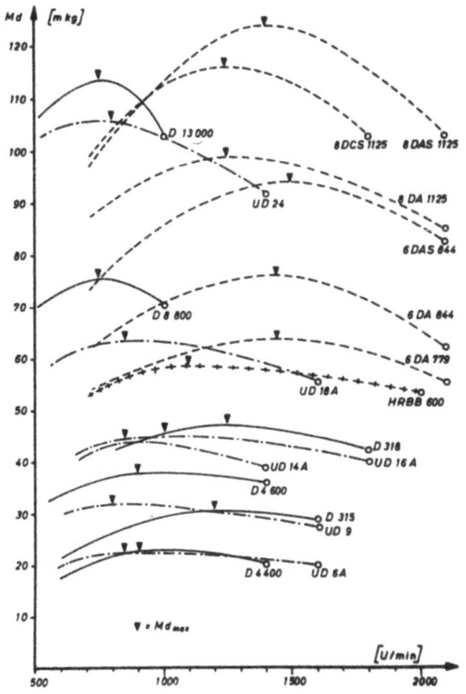

A b b i l d u n g 17a

M_D-Kennlinien

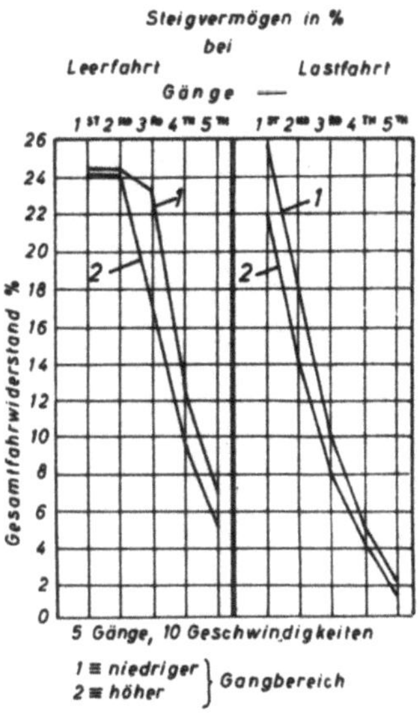

A b b i l d u n g 17b

Diagramm aus Euclid-Prospekt

Nun zeigt aber das Studium der Motordrehmoment-(M_D)-Kennlinien der in Erdbaugeräten im allgemeinen eingebauten Motoren, daß die Motordrehmomente auch bei erheblichen Schwankungen der Motorwellendrehzahl nur in engen Grenzen variieren. Die Abbildung 17a gibt einen Überblick über die M_D-Charakteristik einiger der bevorzugt verwendeten Motoren. Wie zu erwarten ist, kann man zunächst für jeden Motor einen Mittelwert für M_D angeben, der bei beliebiger Drehzahl der Motorwelle nur wenig unter- bzw. überschritten wird. Bei allen dargestellten Kennlinien liegt dieser Wert näherungsweise bei 0,9 M_D max, so daß es möglich ist, diesen als Mittelwert bei der nachfolgenden Berechnung des Steigvermögens der Geräte zugrundezulegen. So ist z.B. 0,9 · 125 = 112,5. Die theoretische Antriebskraft am Triebradumfang ist

$$Z_t \text{ (kg)} = \frac{M_D}{r} \cdot i \cdot \eta \text{ , worin bedeuten:}$$

M_D = Motordrehmoment (kg · cm)
η = Mechanischer Wirkungsgrad (ca. 0,85 - 0,9)
i = $u_1 \cdot u_2$ [14] = Gesamtuntersetzung
r = Rollradius des belasteten Reifens

In der Praxis interessiert die verfügbare Zugkraft. Sie ist, wenn zudem $M_D = 0{,}9\ M_{D\ max}$ gesetzt wird,

$$Z \text{ (kg)} = \frac{0{,}9\ M_{D\ max} \cdot \eta \cdot i}{r} - R \text{ (kg)}$$

R = Fahrwiderstand (kg)

Der Steigungswiderstand ist [14] s (kg/t) = s (%), d.h. das Steigvermögen (%) $= \frac{Z}{G}$ 100,

somit:

$$\text{Steigvermögen s (\%)} = \frac{0{,}9\ M_{D\ max} \cdot \eta \cdot i}{r \cdot G} \cdot 100 - \rho \text{ (\%)}$$

G = Gesamtgewicht (kg)
ρ = Fahrwiderstand (%) $= \frac{R}{G} \cdot 100$

Für das jeweilige Gerät ist dann bei Unterscheidung nach Last- und Leerfahrt das

$$\boxed{\text{Steigvermögen (\%)} = \text{const} \cdot i - \rho \text{ (\%)}\ .}$$

Daraus zeigt sich, daß das Steigvermögen von der Untersetzung linear abhängig ist. Für eine jeweils ermittelte algebraische Summe in % des Fahrzeugbruttogewichtes, die bekanntlich einer Steigung gleichgesetzt wird, muß somit eine zugehörige Untersetzung, d.h. ein der Steigung entsprechender Gang gewählt werden.

Die entwickelte Gleichung liegt zum Beispiel auch der Aufstellung des dargestellten Diagrammes (Abb. 17b) eines Euclid-Prospektes zugrunde.

Hierdurch bzw. durch Zahlenangaben erübrigt sich die numerische Ermittlung des Steigvermögens. Zu bemerken ist, daß bei den diesbezüglichen Prospektangaben meist 2 % Fahrwiderstände berücksichtigt werden und dadurch eine geringe Sicherheit entsteht.

2.5 Die praktischen Vorteile bei der Anwendung des aufgezeigten Verfahrens

Bei sämtlichen behandelten Geräten, die kein vollhydraulisches Getriebe haben, ist der Gewinn an Zugkraft durch Veränderung der Geschwindigkeit innerhalb eines Ganges gering. Dies trifft, wie zum Beispiel aus Abbildung 17c zu ersehen ist, besonders bei höheren Gängen zu, da dort die Zugkraftlinien nur noch ganz flach nach oben gewölbt sind. Infolgedessen können die Geräte bei gleichbleibendem Gesamtfahrwiderstand praktisch immer mit den Schaltgeschwindigkeiten, d.h. mit den höchstmöglichen Ganggeschwindigkeiten gefahren werden.

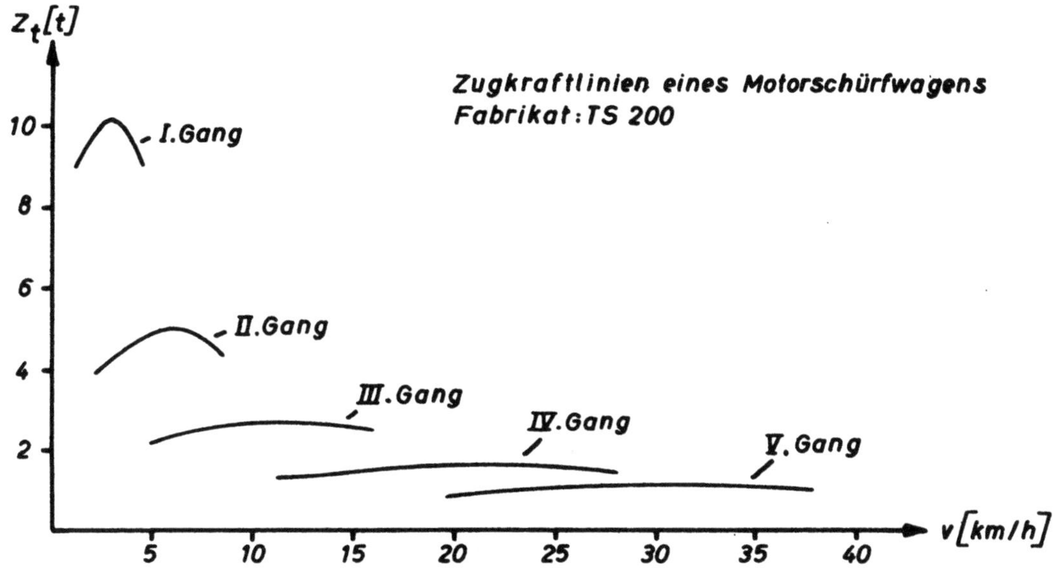

A b b i l d u n g 17c

Aus wirtschaftlichen Gründen macht man von dieser Möglichkeit, hohe Geschwindigkeiten zu fahren, in der Praxis weitgehend Gebrauch. Es ist somit möglich, die tatsächlich gefahrenen höchstmöglichen Ganggeschwindigkeiten innerhalb der einzelnen Gänge während der Last- und Leerfahrt eines Gerätes durch Baustellenversuche über lange Zeiträume hinweg zu ermitteln. Das ist vorteilhaft, denn diese Werte können dann, ohne daß neue Untersuchungen erforderlich sind, bei ähnlichen Betriebsverhältnissen in der Vorkalkulation zugrundegelegt werden.

In Verbindung mit den Ausführungen unter 2.41 bestätigt die Abbildung 17c weiterhin, daß bei wirtschaftlicher Fahrweise die Wahl des Ganges durch die für die Fortbewegung des Gerätes erforderliche Zugkraft, d.h. durch den auftretenden Gesamtfahrwiderstand bestimmt wird. Es überlappen sich, wie die Darstellung zeigt, bei den einzelnen Gängen nämlich nur die Geschwindigkeiten aber nicht die Zugkräfte.

Ein Herunterschalten auf niedrigere Gänge kann aber auch durch Unebenheiten der Fahrbahn bedingt sein. Die Anwendung des vorgeschlagenen Verfahrens bringt nun den Vorteil, daß man diesen Umstand, nämlich ob ein Straßenhobel o.ä. für die Fahrbahnpflege zur Verfügung steht oder nicht, bereits bei der Kalkulation berücksichtigen kann. Das Verfahren ist jedoch nicht feinfühlig. Geringe Schwankungen des Gesamtfahrwiderstandes, die z.B. schon durch den Einsatz eines Sprengwagens entstehen, können daher unberücksichtigt bleiben.

Weiterhin ist die einfache Darstellungsweise der während des Arbeitsspieles auftretenden fahrdynamischen Werte von Vorteil. Die Auswertung der endgültigen Nomogramme wird infolgedessen nicht kompliziert.

2.6 Die Aufstellung des vereinfachten Grundzeitdiagrammes

Bei der Aufstellung des vereinfachten Grundzeitdiagrammes, das jeweils nur für einen bestimmten Gerätetyp und eine bestimmte Bodenart gilt, ist wie folgt zu verfahren: Zunächst betrachtet man nur die beiden oberen Quadranten (in Abb. 17). Beim linken Quadranten versieht man die horizontale Achse mit einem Geschwindigkeitsmaßstab (km/h). Die Vertikalachse, die zugleich für den rechten Quadranten gilt, verwendet man für die Auftragung des Zeitmaßstabes in Minuten. Auf der Horizontalachse des rechten Quadranten wird die Umlaufstrecke (s) abgetragen. Alle Zeitabschnitte der örtlichen Ermittlungen sind sodann unter Beachtung des umgeformten Arbeitsspieles der Reihenfolge nach auf der Zeitachse aufzutragen. Man beginnt also zunächst mit den konstanten Zeiten für das Wenden einschließlich Entleeren, das Bereitstellen des Gerätes für das Arbeitsspiel und das Schürfen. Diese Werte können durch

Zeitaufnahmen mit der Stoppuhr oder besser durch Tachographendiagramme über lange Zeiträume ermittelt werden. Hierbei ist die vorliegende Bodenart zu berücksichtigen.

Dann folgen die zusammengefaßten Zeitanteile für die Beschleunigung zur Last- bzw. Leerfahrt des Gerätes bis zur Geschwindigkeit im höchstmöglichen Gang (z.B. IV/V, d.h. IV. Gang Lastfahrt, V. Gang Leerfahrt).

Im linken Quadranten lassen sich sodann die gemittelten Geschwindigkeiten für das Wenden abtragen, die sich als Parallele zur Zeitachse darstellen. Ferner ergeben sich im linken Quadranten durch die ermittelten Ganggeschwindigkeiten im höchstmöglichen Gang des Gerätes in Verbindung mit den auf der Zeitachse abgetragenen Zeitanteilen für die Beschleunigung die aus der Abbildung 17 ersichtlichen vollausgezogenen dreieckähnlichen Figuren. Es ist zu beachten, daß die Geschwindigkeit beim Wenden auf der Kippe nicht auf Null zurückgeht, die beiden Dreiecke sich also nicht erst auf der Zeitachse, sondern bereits bei der entsprechenden Wendegeschwindigkeit berühren.

Um die Übersichtlichkeit zu verbessern, kann man im linken Quadranten die bereits erwähnten mittleren Geschwindigkeiten eintragen, die, von den Dreieckspitzen ausgehend, parallel zur Zeitachse verlaufen.

Im rechten oberen Quadranten werden nunmehr die zu den bisher aufgetragenen Werten gehörigen Entfernungen abgetragen. Sie ergeben sich durch die Flächenihhalte unter den betreffenden Diagrammen. Durch ihre graphische Addition ergibt sich ein Linienzug. Da die Schürfgeschwindigkeit gegenüber der Geschwindigkeit bei Last- oder Leerfahrt sehr klein ist und außerhalb des Registrierbereiches des Tachographen für höhere Geschwindigkeiten liegt, muß die Schürfstrecke durch Messungen auf der Baustelle erfaßt werden. Ihre Länge beträgt im Mittel 40 - 60 m.

Der vorerwähnte Linienzug im rechten oberen Quadranten endet nach dem Abtragen der Beschleunigungsstrecken.

Anschließend könnte man nun die Last- und Leerfahrtstrecken eines feststehenden Arbeitsspieles als Funktion der Fahrzeit nacheinander abtragen. Man würde auf diese Art des Antragens am Ende der Leerfahrtstrecke unmittelbar die Arbeitsspieldauer ablesen können, und zwar auf der Zeitachse. Dieses Verfahren hätte aber den Nachteil, daß man insoweit von der Förderweite abhängig wäre, als man die Strecken der Last-

und Leerfahrt, soweit sie sich bei sonst gleichen Voraussetzungen verändern würden, jeweils gesondert antragen müßte, um die entsprechenden Zeiten der Arbeitsspiele zu erhalten. Zweifellos wäre dadurch die Zweckmäßigkeit des gesamten Verfahrens infrage gestellt.

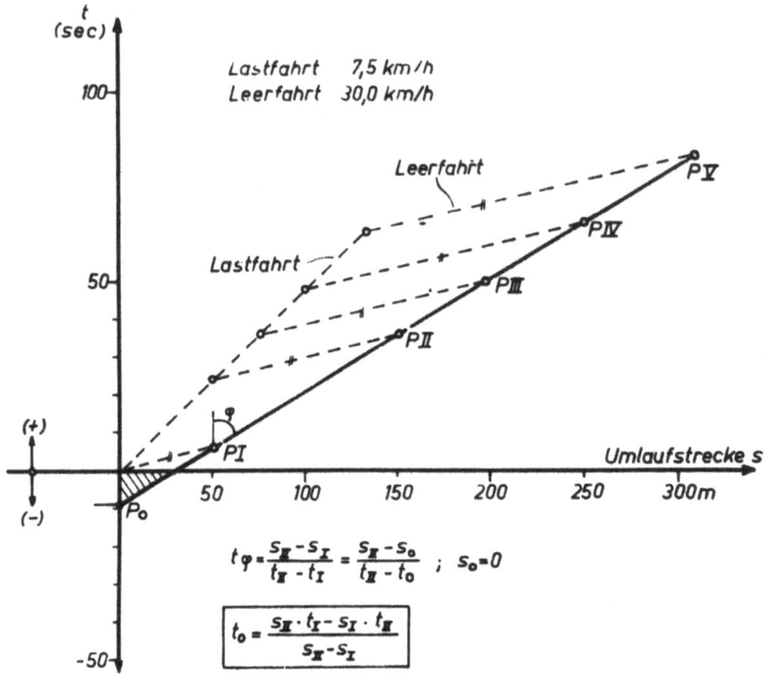

A b b i l d u n g 17d

Den aufgezeigten Schwierigkeiten kann man jedoch folgendermaßen begegnen. Wenn man unterschiedliche Last- und Leerfahrten für eine gewählte Gangkombination als Funktion der Fahrzeit aufträgt, wie z.B. in Abbildung 17d, wo für die Lastfahrt 7,5 km/h und für die Leerfahrt 30 km/h der Darstellung zugrundeliegen, so erkennt man, daß die jeweiligen Endpunkte auf einer Geraden liegen. Diese beginnt im allgemeinen aber nicht im Nullpunkt des Achsenkreuzes, sondern kurz unterhalb oder in Sonderfällen, nämlich dann, wenn die Lastfahrt mit höheren Geschwindigkeiten erfolgt als die Leerfahrt, kurz oberhalb. In Abbildung 17d, in der die Gerade durch die Punkte P_I bis P_V verläuft, liegt der Anfangspunkt P_0 im negativen Bereich der Zeitachse, und zwar bei minus 9 sec. Diese Abweichung vom Nullpunkt ergibt sich aus der Tatsache, daß die Strecke der Lastfahrt, jeweils um den Betrag der Schürfstrecke kürzer ist als die Leerfahrt.

Wenn man nun z.B. den Koordinatennullpunkt aus Abbildung 17d in die Abbildung 17 überträgt und ihn mit dem Endpunkt des bereits endgültig beschriebenen Linienzuges gleichsetzt (der Linienzug endete zunächst nach dem Abtragen der Beschleunigungsstrecken), so kann man die Gerade P_0 - P_V ebenfalls in die Abbildung 17 übernehmen. Die Abweichung ihres Anfangspunktes vom Koordinatennullpunkt bzw. von dem erwähnten Endpunkt des Linienzuges ist dabei zu beachten.

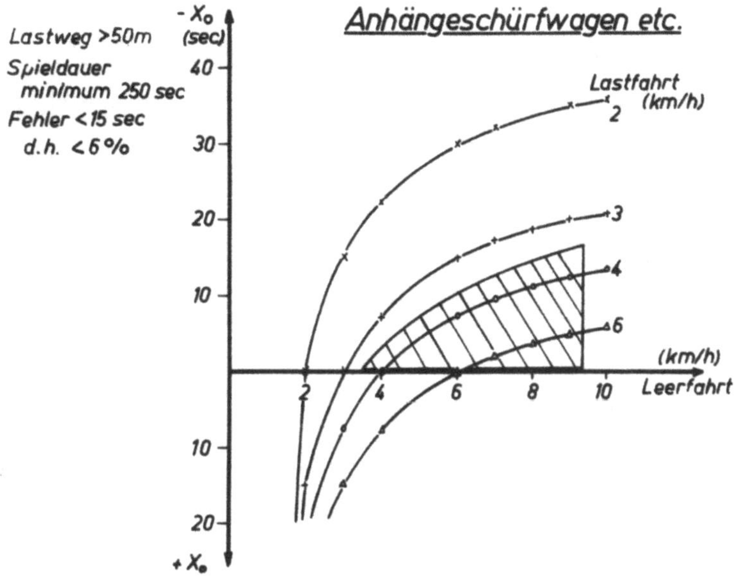

A b b i l d u n g 17e

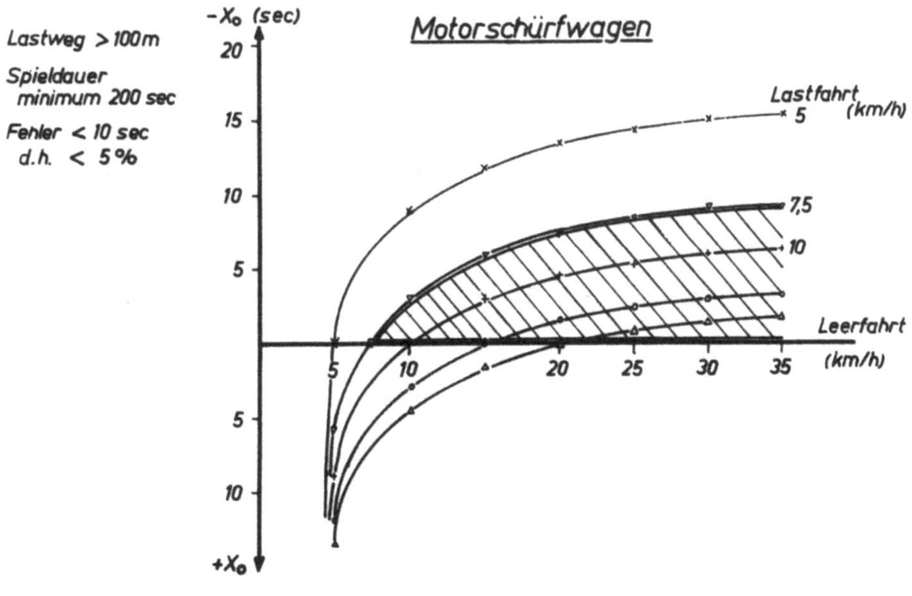

A b b i l d u n g 17f

Damit erhebt sich die Frage, von welcher Größenordnung diese Nullpunktsabweichungen ganz allgemein sein können. Sie sind aus den Abbildungen 17e und 17f ersichtlich und können dort für die verschiedensten Gangkombinationen auf der Vertikalachse unmittelbar abgelesen werden. Im Normalfall dürfen sie sich im Bereich des schraffierten Teiles bewegen, woraus sich ergibt, daß der Fehler, der entsteht, wenn man die Nullpunktsabweichung nicht beachtet, beim Einsatz von Anhängeschürfwagen kleiner als 6 % der geringstmöglichen Arbeitsspieldauer ist. Beim Einsatz von Motorschürfwagen ist er im Normalfall sogar kleiner als 5 %.

Somit ist es vertretbar, die im allgemeinen geringfügige Unstimmigkeit in Kauf zu nehmen und die Gerade unmittelbar an den Nullpunkt anzutragen. In Sonderfällen, die meist durch ungewöhnlich langsame Lastfahrt und sehr schnelle Rückfahrt gegeben sind, wird man dagegen die Gerade besser in ihrem zugehörigen Anfangspunkt beginnen lassen oder aber die jeweilige Abweichung der Abbildung 17e bzw. 17f entnehmen und berücksichtigen.

Bei der Diagrammaufstellung im linken oberen Quadranten für die niedrigeren Gänge des Gerätes ist es nicht notwendig, neue Beschleunigungsdiagramme aufzustellen. Da nämlich die zu den einzelnen Gängen gehörigen unterschiedlichen Beschleunigungen durch eine mittlere Beschleunigung ersetzt wurden, braucht man in die vorhandenen Beschleunigungsdreiecke nur ähnliche Dreiecke einzuzeichnen, deren Höhe des zugehör-Ganges gleich dem Abstand von der Zeitachse ist (2.45). Berechnet man den Inhalt dieser Dreiecke und trägt wie oben das Ergebnis entsprechend im oberen rechten Quadranten auf, so erhält man die Endpunkte der Linienzüge, von denen aus die Abtragung der zugehörigen Geschwindigkeitsstrahle der Last- und Leerfahrten in der bereits beschriebenen Weise möglich ist.

Im unteren rechten Quadranten wird unmittelbar unterhalb der Horizontalachse der Maßstab der mittleren Förderweite abgetragen. Da nach 2.4 die Förderstrecke gleich $\frac{1}{2}(s_c + s_e)$ ist, beginnt er mit seinem Nullpunkt am Ende der Schürfstrecke. Der Faktor 1/2 wird einfach durch Verdoppelung des Fördermaßstabes gegenüber dem auf der Wegachse aufgetragenen Maßstab berücksichtigt. Stellt man nun noch die zu den einzelnen Geschwindigkeitsstrahlen zugehörigen Grundzeiten, die sich sonst nur auf der Zeitachse ablesen lassen, unterhalb der Wegachse in einem

Zeitstreifen dar, so erhält man eine bequeme Ablesemöglichkeit. Es braucht also nur noch die Länge der Umlaufstrecke bzw. die mittlere Förderweite und die zugehörige Gangwahl vorgegeben zu werden, um sofort auf dem Zeitstreifen die zugehörige Grundzeit ablesen zu können. Die Diagramme in den beiden oberen Quadranten werden damit praktisch nicht mehr benötigt.

Es möge zum Beispiel gegeben sein:

Die mittlere Förderweite
(mit <u>nicht</u> wechselndem
Gesamtfahrwiderstand) = 600 m

Der auftretende Fahrwiderstand $\hat{=}$ 4 %

Die Steigung des Förderweges
bei der Lastfahrt

<u>Gesucht:</u>

Die Grundzeit (t_g)

<u>Lösung:</u>

Der Gesamtfahrwiderstand in %
des Fahrzeuggesamtgewichtes
beträgt: = 10 %

für die Lastfahrt 4 + 6 = 10 %

und für die Leerfahrt $\hat{=}$ - 2 %

Das ergibt nach Abbildung 17b eine Gangwahl III/V. Zu dieser gefundenen Gangkombination sucht man nun im rechten unteren Quadranten der Abbildung 17 den zugehörigen Zeitstreifen. Gleichzeitig geht man in den Maßstab der mittleren Förderweite bis zur 600 m Markierung ein. Unterhalb dieser Stelle ergibt sich sodann auf dem Zeitstreifen für den angeführten Fall eine Grundzeit von 6,9 Minuten.

Die Grundzeiten bei Transportwegen mit <u>wechselndem</u> Gesamtfahrwiderstand sind genügend genau wie folgt zu ermitteln:

Man trägt, wie im unteren linken Quadranten der Abbildung 17 dargestellt, die der jeweiligen Gangwahl zugeordneten Zeitmaßstäbe unter einem Streckenmaßstab auf. Ihre Nullpunkte müssen dabei übereinstimmen. Dadurch hat man die Möglichkeit, für jeden Streckenabschnitt mit gleichbleibendem Gesamtfahrwiderstand die erforderlichen variablen Zeiten ermitteln und addieren zu können.

Die zugehörigen konstanten Zeit- und Streckenabschnitte werden zweckmäßig nicht einzeln berücksichtigt, sondern es werden ihre Mittelwerte festgestellt. Zu ihrer Ermittlung verlängert man die Gangstrahlen der mittleren Geschwindigkeit im oberen rechten Quadranten der Abbildung 17 über ihren Ursprung hinaus und bestimmt den Schwerpunkt des sich ergebenden Fehlerdreieckes. Nunmehr verläuft der Strahl für jede beliebige mittlere Geschwindigkeit des Fördergerätes nahe dem Schwerpunkt. Seine Koordinaten, bestehend aus der konstanten Zeit t_k^* und der konstanten Strecke s_k^*, wie sie beispielsweise die Abbildung 17 zeigt, treffen dann mit genügender Genauigkeit als Mittelwerte zu. Die Grundzeit beträgt dann:

$$(tg) \sim t_k^* + \frac{1}{V_m} \left(\Sigma\, s - s_k^* \right) \; ; \quad V_m = \frac{\sum_1^n l}{\sum_1^n t} \; ; \quad l = \frac{s}{2}$$

$$(tg) \sim t_k^* + 2 \sum_1^n t \left(1 - \frac{s_k^*/2}{\sum_1^n l} \right) \; ; \quad \begin{array}{l} t \text{ in (s) bzw. (min)} \\ l \text{ und } s \text{ in (m)} \end{array}$$

Die Einflüsse der Schwungkraft des Fahrzeuges infolge der Kuppen- und Wannenausrundungen [15] des Transportweges bleiben bei der Ermittlung der Grundzeit unberücksichtigt. Erfahrungsgemäß passen sich die Transportwege nämlich fast immer dem Gelände an, so daß sich durch die Wechselfolge von Kuppen und Wannen die Fehler nicht addieren, sondern, wie die Darstellung der Geschwindigkeits-Weg-Linie der Abbildung 17 zeigt, fast ausgleichen.

Beispiel für die Ermittlung der Grundzeit bei einer Förderstrecke mit wechselndem Gesamtfahrwiderstand.

Gegeben:

Die drei Streckenabschnitte der Förderweite mit 400, 200 und 100 m; der Fahrwiderstand auf diesen Streckenabschnitten und ihre Steigungen.

Gesucht:

Die Grundzeit (t_g).

Zunächst ermittelt man die Summe der Fahrzeiten der einzelnen Streckenabschnitte. Hierbei bedient man sich zweckmäßigerweise einer übersichtlichen Zusammenstellung, die zum Beispiel wie folgt sein kann:

Lfd. Nr.	Strecke l	Fahrwiderstand	Steigung der Lastfahrt	Gesamtfahrwiderstand	Gangwahl	Fahrzeit t
	(m)	(%)	(%)	(%)		(min)
1	400	6	2	8/2	III/V	1,2
2	200	2	4	6/2	IV/V	0,4
3	100	2	10	12/2	III/V	0,3
	l = 700					t = 1,9

Die Zeitwerte ermittelt man in derselben Weise wie in dem Beispiel für Strecken mit nicht wechselndem Gesamtfahrwiderstand, d.h. also man ermittelt zunächst mit Hilfe des Gesamtfahrwiderstandes an Hand der Abbildung 17b die Gangkombination. Anschließend liest man auf dem zugehörigen Zeitstreifen im linken unteren Quadranten der Abbildung 17 wie üblich die Fahrzeit ab.

Die Grundzeit (t_g) erhält man dann mit Hilfe der aufgestellten Gleichung unmittelbar, wie im folgenden gezeigt wird:

$$\text{Grundzeit } (t_g) \sim 213 + 2 \cdot 214 \left(1 - \frac{\frac{280}{2}}{700}\right) \sim 213 + 182$$

$$\underline{\sim 395 \text{ (s)}}$$

3. Die Versuchsaufgabe

3.1 Betriebstechnischer Art

Die betriebstechnische Aufgabe besteht aus der Erfassung aller Komponenten, die den Arbeitsablauf beeinflussen und der Ausarbeitung von Vorschlägen für Vereinfachungen und Verbesserungen, die aus den gewonnenen Erkenntnissen resultieren. Sie umfaßt zum Beispiel die Arbeitsorganisation und -planung, den technischen Personaleinsatz, die

Reparaturwerkstätteneinrichtung, die Schutzmaßnahmen gegen den Witterungseinfluß, die Pflege der Fahrbahn, die Wartung, Instandhaltung und eventuelle Entwicklung der eingesetzten Geräte, sowie ihre speziellen Einsätze. Zu dieser Aufgabe gehören ferner Untersuchungen über die günstigsten Schichtlängen und -anfangszeiten, wie sie, z.B. neuerdings von GRAF [43], in stationären Betrieben durchgeführt wurden. Danach kann die Beachtung der Leistungsbereitschaft des Menschen, die tagesperiodisch gewissen Schwankungen unterliegt, zu Leistungssteigerungen führen.

3.2 Auf maschinentechnischem Gebiet

Die Aufgabe auf maschinentechnischem Gebiet soll Kraft- und Motorleistungsmessungen ausschließen, weil diese in einer gesonderten Arbeit ermittelt werden müßten. Zu klären sind die Fragen des Betriebsmittelverbrauches, der Betriebs- und Unterhaltungskosten und der Reparaturkosten über möglichst lange Zeiträume. Außerdem ist, soweit die Baustellenbeobachtungen diese Feststellungen erlauben, auf die Zweckmäßigkeit der Anordnung von Bedienungs- und Beleuchtungsvorrichtungen usw., sowie auf die Betriebssicherheit einzugehen.

3.3 Auf wirtschaftlichem Gebiet

Auf wirtschaftlichem Gebiet besteht die Aufgabe in der Erfassung sämtlicher Förderkosten, die die Aufstellung entsprechender Diagramme für verschiedene Gerätetypen und -größen zulassen, der Abgrenzung der wirtschaftlichen Verwendungsbereiche und den Vorschlägen für wirtschaftlichere Einsatzmethoden.

4. Die Arbeitsuntersuchungen und ihre Auswertung

In der Folge werden an Hand der Erkenntnisse des Abschnittes 2. alle Größen ermittelt, die für eine Kalkulation von Bedeutung sind. Mit ihrer Hilfe soll es dem Kalkulator leichter möglich sein, die für eine bestimmte Arbeit zweckmäßigen Typen und deren Anzahl im voraus auszuwählen. Ferner sollen sich dadurch bessere Anhaltswerte für die Errechnung der voraussichtlichen Förderkosten ergeben.

Alle Angaben stützen sich auf Baustellenuntersuchungen, die in einem Umfang durchgeführt wurden, wie sie dem Verfasser für die Sicherheit der Ausarbeitung von Voranschlägen beim Ansatz der Geräte notwendig erschienen.

Bei ungewöhnlichen Geländeverhältnissen und bei Bodenarten, die von den beschriebenen Voraussetzungen stark abweichen, müssen die ermittelten Werte selbstverständlich den veränderten Bedingungen angepaßt werden.

5. Die Untersuchung des Radschleppers Tournadozer

5.1 Die Bauarten und ihre Einsatzmöglichkeiten

Neben der unter 1.2 erwähnten Unterscheidung der Radschlepper von Le Tourneau nach den Motorleistungen variieren die Bauarten gleicher PS-Zahl bei unverändertem Fahrwerk je nach Verwendungszweck in ihrem Aufbau.

Abbildung 18
Tournadozer, 188 PS
im Einsatz

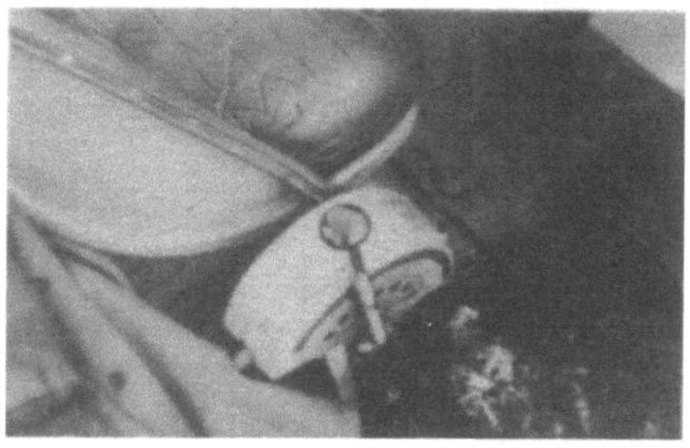

Abbildung 19
Hebelschaltung beim Tournamaticgetriebe des Dozers

So ist ein Teil der bisher besonders im deutschen Braunkohlen-Tagebau eingesetzten Tournadozer Super C, die mit einem Schwenkschild oder Brustschild versehen sind, zusätzlich mit einem Seitenkran ausgerüstet.

Untersucht wurden die Arbeitsspiele eines Super-C-Gerätes mit Brustschild und Seitenkran. Die interessierenden technischen Daten sind in Tabelle 2 zusammengefaßt. Besonders zu erwähnen ist das als Tournamatic-Transmission bezeichnete Schaltgetriebe, bei dem die Gangwahl lediglich durch Einkoppeln entsprechender stets mitlaufender Getriebeteile

T a b e l l e 2

Technische Daten des Tournadozers

Type	Gerät mit Brustschild		
Dieselmotor General Motors 6 - 71, 6 Zylinder, 2-Takt		Hubhöhe über Planum	1370 mm
Höchstleistung bei 1800 U/min in Seehöhe	186 PS	Absenkmaß unter Flur mit Schildniederhaltvorrichtung	460 mm
Fahrgeschwindigkeit bei 2000 U/min 1. Gang vorwärts	2,6 km/h	Schildbetätigung	Seilzug
2. Gang vorwärts	6,0 km/h	Kleinster Wenderadius	12,5 m
3. Gang vorwärts	13,5 km/h	Ausmaße über alles: Länge	5610 mm
4. Gang vorwärts	31,0 km/h	Breite	3450 mm
1. Gang rückwärts	5,7 km/h	Höhe (Oberkante Auspuff)	2690 mm
2. Gang rückwärts	13,0 km/h	Höhe (Oberkante Fahrkabine)	2860 mm
Anzahl der Räder	4	Gewicht Planierschild	1680 kg
Bereifung	21,00x25	Gewicht Kran	3520 kg
Spurweite	2489 mm	Gewicht ohne Seilwinde	12700 kg
Radstand	17900 mm	Gesamtgewicht	17900 kg
Bodenfreiheit	420 mm	Maximale Zugkraft am Haken	7,7 t
Planierschild Breite	3450 mm	Antrieb	Allrad
Höhe	1090 mm	Flüssigkeitsdrehmomentenwandler	Torque Converter
Getriebe: System Tournamatic, Schalten mit preßluftbetätigten Lamellenkupplungen			
Lenkung: 2 Räder an jeder Seite werden mit 2 Lamellenkupplungen und -bremsen, beide mit Preßluftbetätigung, angetrieben bzw. gebremst			

vorgenommen wird. Es erfolgt durch Lamellenkupplungen, die durch Preßluft betätigt werden. Im Gegensatz zum üblichen Raupenschlepper, bei dem der Schaltvorgang aus den Phasen: Auskuppeln der Hauptkupplung, Abbremsen des Schleppers, Schalten und Einkuppeln besteht, ist beim Tournamaticgetriebe bei Berücksichtigung der Drehzahl der Motorwelle das Umschalten in einem Zug während der Fahrt möglich. Hierfür ist entweder die dargestellte bequeme Hebelschaltung oder eine Fingerkontaktbetätigung vorgesehen. Ferner ist ein einstufiger Drehmomentwandler eingebaut.

Die Lenkung des starren Fahrwerkes erfolgt mit Hilfe von preßluftbetätigten Kupplungsbremsen, durch die jeweils die Räder einer Seite gebremst bzw. angetrieben werden. Als Antrieb für den Bewegungsvorgang von Schild, Seitenkran und Kranwinde dienen drei Elektromotoren, die Drehstromgenerator von 280 Volt speist. Günstig ist die Heckanordnung des Motors. Der Fahrer erhält dadurch eine vorzügliche Übersicht über den Arbeitsbereich.

Die vielseitigen Einsatzmöglichkeiten begründen u.a. die Verbreitung des Super-C-Radschleppers im deutschen Braunkohlen-Tagebau. Auf den Baustellen im Inland dagegen finden Radschlepper dieser Motorleistung bisher wenig Verwendung, obschon sie bei entsprechenden Bodenarten zu folgenden Arbeiten herangezogen werden könnten:

Zum groben Planieren, im Braunkohlentagebau auch "Mengenbewegung" genannt,
zum Roden,
zum Planieren üblicher Art,
zur Wegeunterhaltung,
zum Schieben beim Laden von Schürfwagen,
zum Ziehen von angehängten Schürfwagen, Walzen etc. und
zum Lastenschleppen und sonstigen Kraneinsätzen.

Hinzu kommt speziell im Braunkohlentagebau das Kohleputzen, das Aufräumen von Unfallstellen und das Gleisrücken.

5.2 Die Beschreibung der untersuchten Baustellen

Aus den vorgenannten Gründen beschränkte sich die Untersuchung des Dozers auf typische Einsätze im Tagebau. Es wurde, z.B. bei der Mengenbewegung, nur die Verlagerung der gekippten Abraummassen erfaßt und auch beim üblichen Planieren handelte es sich um geschütteten und verdichteten Boden. Trotzdem konnten die ermittelten Geschwindigkeitswerte - wie in 2.4 begründet - übertragen werden. Der Arbeitsbereich des Gerätes umfaßte mehrere Einsatzstellen, so daß häufig Standortwechsel erforderlich war. Hierbei wurden außer bei Geländefahrten vorhandene Wege und Straßen benutzt.

Der Boden bestand im allgemeinen aus Sand mit lehmig-tonigen Einlagerungen und war daher nicht witterungsempfindlich.

5.3 Die Versuchsanordnung und -durchführung

Nach 2.4 besteht die Grundzeit (t_g) aus einem variablen (t_v) und einem konstanten (t_k) Anteil. Im Gegensatz zu den unter dem Abschnitt 2.4 erwähnten Voraussetzungen, nämlich dem Arbeitsspiel des Schürfwagens, liegen jedoch bei Planiereinsätzen des Dozers insofern andere Verhältnisse vor, als sich der konstante Anteil (t_k) nur aus den "Beschleunigungsanteilen" und den Stillstandszeiten an den Umkehrpunkten zusammensetzt. Um brauchbare Diagramme für die Ermittlung dieser Werte zu erhalten, wurde an dem Dozer folgende Versuchseinrichtung angebaut:

Auf jeder Seite des Reifenschleppers rollte auf einem der Antriebsräder ein luftbereiftes Meßrad Ø 40 cm. Es wurde durch das Eigengewicht und eine Hebelsperre am Abheben gehindert. Die Achse hatte einen Anschluß für eine biegsame Welle, so daß über diese und Adapter tachographisch die Arbeitsspiele des Dozers nach Zeit, Geschwindigkeit und Weg registriert wurden. Die verwendeten Uhrwerke hatten eine Laufzeit von 24 Minuten, 3 und 12 Stunden. Die beiderseitige Messung, die wegen der Lenkung (siehe 5.1) erforderlich war, ergab in ihrem Mittel die tatsächlichen fahrdynamischen Werte. Deshalb wurde, um die Anbringung eines zweiten Tachographen und die Auswertearbeit zu sparen, vor dem verbleibenden Tachographen ein hierfür umgearbeitetes Ausgleichsgetriebe eingebaut. Die Registrierung der Beschleunigungsanteile und der kurzen Stillstandszeiten am Umkehrpunkt war jedoch mit Tachographen wegen des zu geringen Papiervorschubes und des vorkommenden Geschwindigkeitsbereiches von 0 - 30 km/h nicht zufriedenstellend. Aus diesem Grunde erschien die Verwendung der aus Abbildung 21 ersichtlichen Versuchseinrichtung zweckmäßig. Sie ermöglicht die Messung einer von der Fahrzeuggeschwindigkeit abhängigen Spannung.

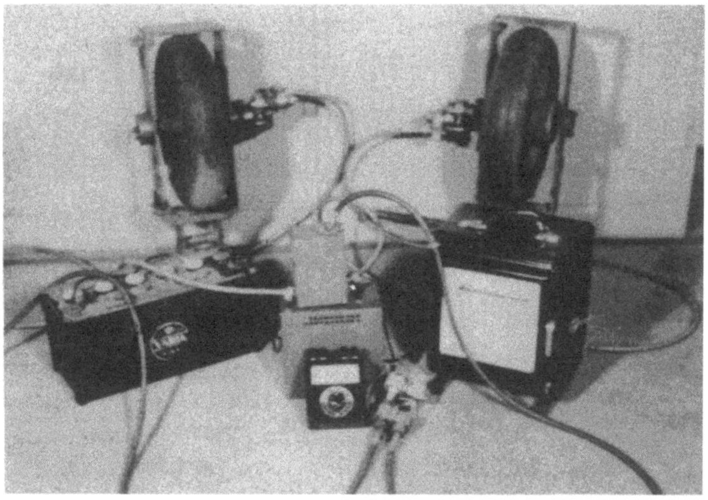

A b b i l d u n g 20

Versuchseinrichtung für den Reifenschlepper

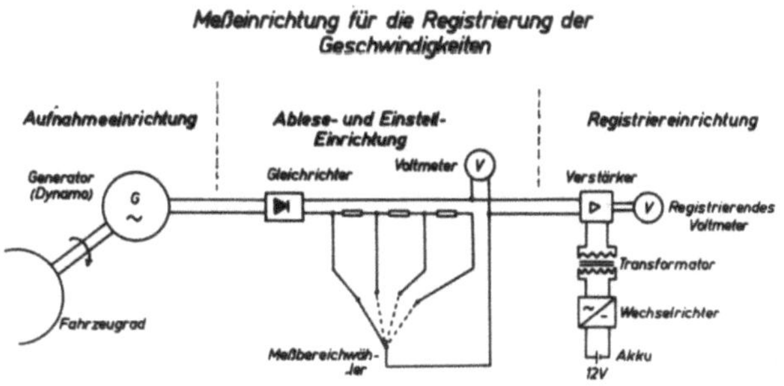

A b b i l d u n g 21

Schematische Darstellung des Versuchsgerätes für die Spannungsmessung (s. auch Abb. S. 46)

Der an dem Meßrad laufende Dynamo lieferte eine Wechselspannung, die an einem Vielfachinstrument mit verschiedenen Meßbereichen abgelesen werden konnte. Gleichzeitig wurde diese Spannung von einem über Schwingkreisverstärker angeschlossenen registrierenden Voltmeter aufgezeichnet, wobei der Meßbereichwähler des Ableseinstrumentes auch für die Registrierung mit zu verwenden war. Die notwendige Spannung (220 V) zur Speisung des Verstärkers lieferte mittels Wechselrichter ein Akku.

Der Papiervorschub des registrierenden Voltmeters war stufenweise regelbar. Als zweckmäßig erwies sich ein Vorschub von 6 cm/min.

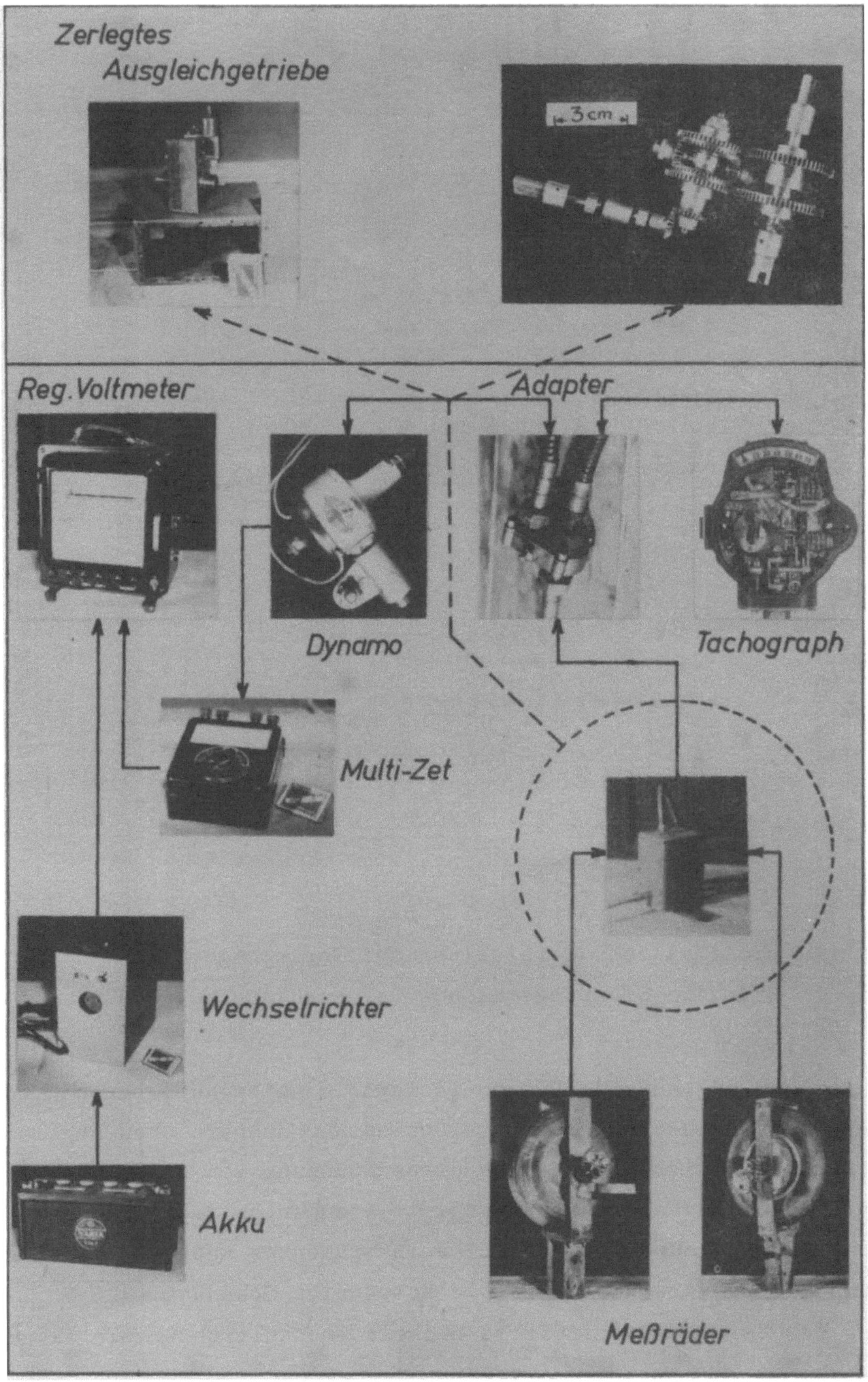

Zu Abbildung 20 und 21

Meßeinrichtung

Um die beim Lauf des Meßrades entstehenden Fehler im Übersetzungsverhältnis, die z.B. durch verschiedene Anpreßstellen des Dynamos am Meßrad entstehen konnten, auszuschalten, wurde nach jeder Versuchsreihe die gesamte Versuchseinrichtung geeicht. Mit Hilfe der dadurch erhaltenen Eichkurven ließen sich die Diagramme der jeweiligen Meßreihe genügend genau auswerten.

Die Geländeneigungen konnte man einfach mit dem Gefällmesser von Möller in Prozent ermitteln, weil die hiermit ohne jeden Aufwand erzielte Genauigkeit ausreicht. Außerdem sind die Anzahl der Wartungs-, Betriebs- und Reparaturstunden usw. über lange Zeiträume festgehalten worden. Um bei der Auswertung der Diagramme einen ersten Anhalt für die richtige Bezeichnung der Zeitabschnitte zu erhalten, wurden in periodischen Abständen gleichzeitig mit der Diagrammaufnahme Stoppuhrmessungen durchgeführt.

Auf eine exakte Schlupfmessung konnte verzichtet werden, weil diese nur bei Zugkraftvergleichen der Geräte eine wesentliche Rolle spielt. Außerdem wäre für die Durchführung der Messungen eine aufwendige Versuchseinrichtung erforderlich gewesen.

5.4 Ergebnisse der Auswertung und Hinweise zur Verbesserung des Arbeitsablaufes

5.41 Die Mengenbewegung

Die Diagrammaufnahmen für die Mengenbewegung gelten bei folgender Baustellenbeschaffenheit:

Gerät:	Tournadozer, 188 PS, mit Seitenkran und Brustschild
Boden:	Sand, Ungleichförmigkeitsgrad = $U = \frac{d60}{d10} = 15$
Geländeneigung:	$1 : \infty$;
Wetter:	trocken
Einsatzart:	In Raupen abgesetzter Boden ist über den Kipprand zu drücken (siehe Buastellenskizze 1 und Foto, Abb. 22)

Die Fördermenge bei der Bodenbewegung mit Hilfe des Dozers ist ausgeprägter als bei Schürfwagen von der Qualität des Fahrers abhängig. So ist z.B. das Ansetzen des Schildes bei einer Geschwindigkeit, die einerseits möglichst hoch sein, aber andererseits auch durchgehalten werden muß, von wesentlichem Einfluß; sonst drehen die Räder durch und ein

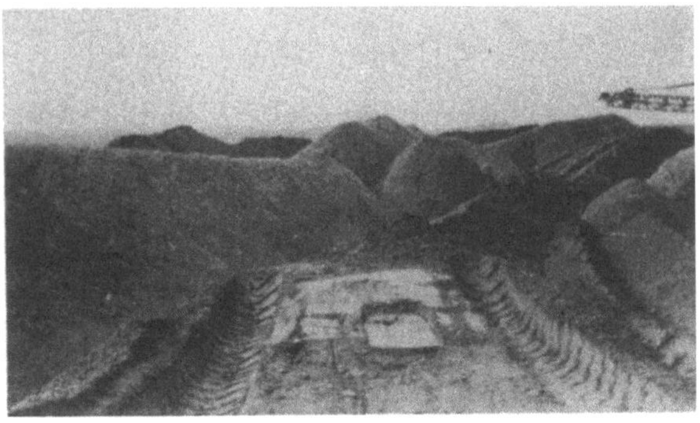

A b b i l d u n g 22a
In Raupen abgesetzter Boden

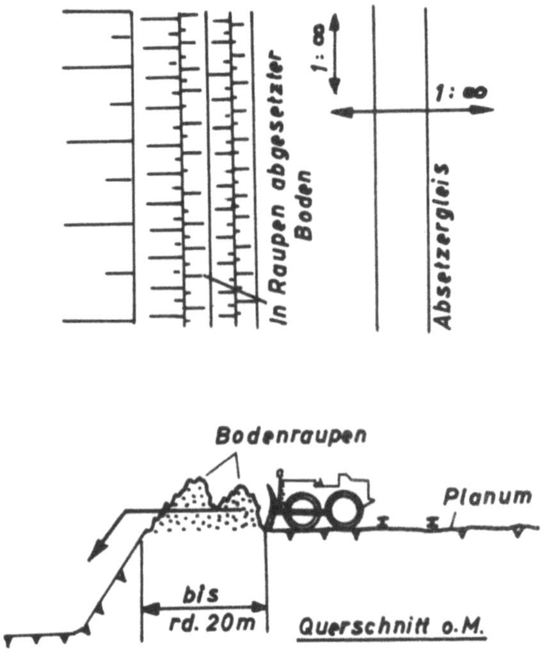

A b b i l d u n g 22b
Baustellenskizze 1

erneutes Ansetzen wird erforderlich. Die Fahrer begegnen diesen Schwierigkeiten durch die Wahl des 2. und teilweise sogar des 3. Ganges für die Lastfahrt. Für die Rückfahrt ist der 2. Gang auch bei kurzen Förderweiten lohnend, weil die mögliche Geschwindigkeit sofort erreicht wird. Die vorkommenden Geschwindigkeiten variieren bei der Bedienung des Dozers durch einen geübten Fahrer wenig, wie die Abbildung 23 gut erkennen läßt. Als Mittelwert aus allen vorliegenden Diagrammen ergeben sich folgende Geschwindigkeiten, wobei die ersten Gänge kaum in Frage kommen:

	Gang-wahl	Geschwin-digkeit km/h	% der max. Gang-geschwindigkeit
Lastfahrt	I	2,4	-
	II	5,7	95
	III	8,5	63
Rückfahrt	I	5,3	-
	II	10,9	85

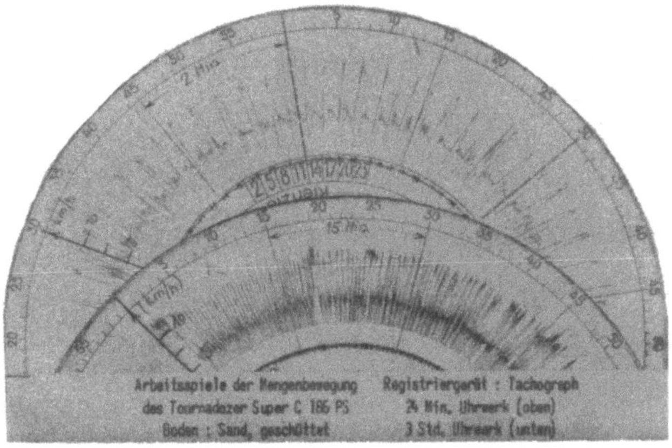

A b b i l d u n g 23
Arbeitsspiele der Mengenbewegung
(Tachograph)

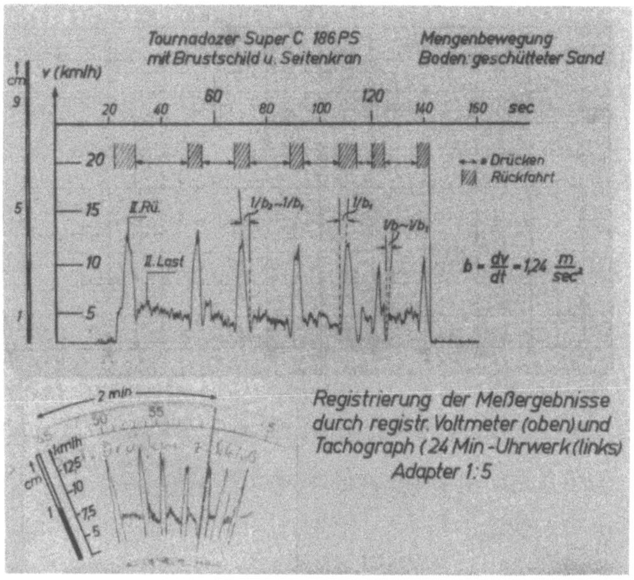

A b b i l d u n g 24
Vergleich - Voltmeter/
Tachograph

Die Diagramme mit Hilfe des 24-Minuten-Uhrwerkes zeigen außerdem neben der Gleichmäßigkeit der Arbeitsspiele den geringen Geschwindigkeitsabfall beim Drücken.

Die konstante Zeit (t_k), die bei der Mengenbewegung aus den Beschleunigungsanteilen und den Stillstandszeiten an den Umkehrpunkten besteht, ist dem v/t-Diagramm der Spannungsmessung zu entnehmen, weil die Tachographendiagramme, wie bereits erwähnt, hierüber keinen Aufschluß geben.

Die Exaktheit bei der Meßmethode beweist ein Vergleich der in Abbildung 24 dargestellten Aufzeichnungen ein und derselben Arbeitsspiele. Ein Nachweis der Meßgenauigkeit erfolgt in 7.4.

Besonders auffallend sind bei der Betrachtung des v/t-Diagrammes der Abbildung 24 die kurzen Stillstandszeiten an den Umkehrpunkten. Sie können in diesem Ausmaß infolge des Tournamaticgetriebes gut erreicht werden, wenn die Bedienung durch geübte Fahrer erfolgt. Wie zu erkennen ist, sind die Zeiten so kurz, daß infolge der Trägheit des Schreibstiftes die Null-Linie selten erreicht wird. Als Zeitwert wird jeweils 1 s eingesetzt. Die im Bereich des angegebenen Mittelwertes liegenden Rückfahrgeschwindigkeiten, die in diesem Beispiel bei einem Förderweg von 15 bis 20 m erreicht worden sind, beweisen die fahrdynamische Überlegenheit des Dozers gegenüber den Raupenfahrzeugen (Abb. 24).

Ferner zeigt das Diagramm, daß sämtliche vorkommenden Beschleunigungen ungefähr gleich sind. Der Wert hierfür beträgt ~ 1,2 m/s^2. Bei der Lastfahrt wird vor dem Ansetzen des Schildes beschleunigt.

Mit diesen Angaben erhält man in Anlehnung an die Abbildung 17 ein Grundzeitdiagramm, wie es in der Abbildung 25 dargestellt ist.

Es muß aber darauf hingewiesen werden, daß derartige Grundzeiten bei bindigem bzw. tonigem Untergrund sowie bei "Fahreranfängern" wegen des Schlupfes während der Lastfahrt nicht zu erreichen sind. Über eine mögliche Zugkraftverbesserung wird in Abschnitt 5.46 ausführlich berichtet.

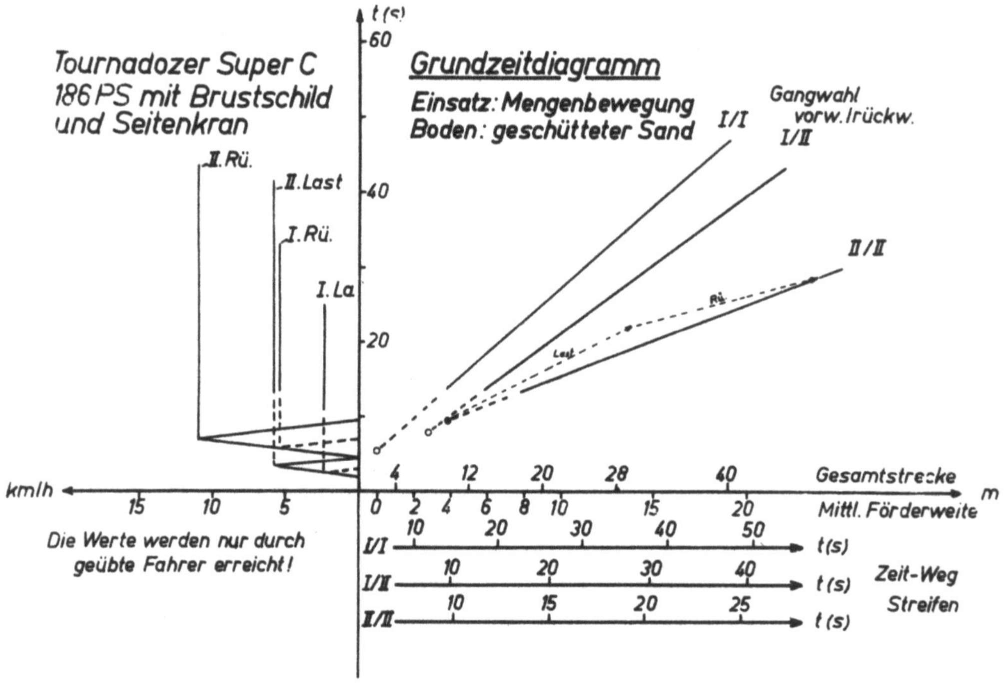

Abbildung 25

Grundzeitdiagramm - Mengenbewegung

5.42 Das Planieren

Beim Planieren handelt es sich im allgemeinen um das Einebnen größerer Flächen als Vorbereitung für das Gleisrücken, Rekultivieren usw.

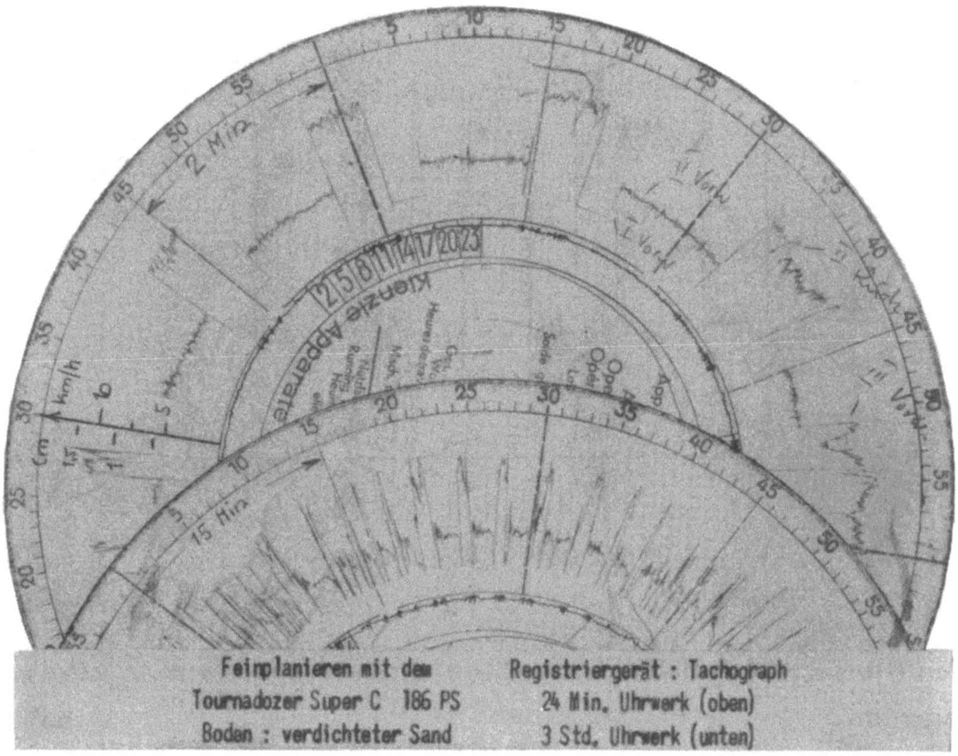

A b b i l d u n g 26
Arbeitsspiele - Planieren
(Tachograph)

Wie die Erfahrung gezeigt hat, sind Arbeitslängen von mehr als 150 m bei Planierarbeiten mit Reifenschleppern möglichst zu vermeiden. Bei der Rückfahrt wirkt sich nämlich die relativ geringe Geschwindigkeit (ca. 11 km/h) dann ungünstig aus. Im übrigen variieren die Geschwindigkeiten bei dieser Einsatzart, wie die Abbildung 26 zeigt, genau so wenig wie bei der Mengenbewegung. Die vorhandenen Zugkräfte des Schleppers brauchen nämlich nicht voll ausgenutzt zu werden. Die mögliche Gangwahl ergibt sich aus der Überlegung, daß auf dem grob planierten Boden infolge des kurzen Radstandes Nickbewegungen auftreten, die eine entsprechende Führung des leeren Schildes nur im 1. Gang zulassen. Nach seiner auf kurzer Entfernung (etwa bis 10 m; s. Abb. 27) erfolgten

Füllung scheint der 2. Gang und wenn möglich sogar der 3. Gang zweckmäßig zu sein, wobei dann allerdings Seitenbleche wesentlich sind (s. 5.52). Bei der Rückwärtsfahrt wird zweckmäßig das Schild abgesenkt und über die zuvor planierte Bahn oder über die kleinen Erdraupen geschleppt, die durch den vom Schild abgeglittenen Boden entstanden sind.

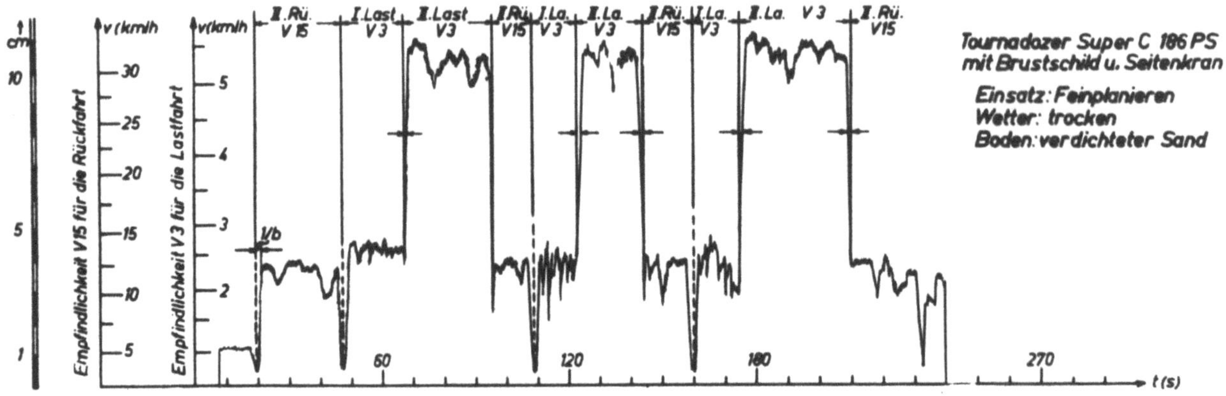

A b b i l d u n g 27

Diagramm - Planieren

Dadurch kann unter Umständen eine Planiergenauigkeit von etwa ± 5 cm erreicht werden.

Die Versuche, die unter den gleichen Baustellenverhältnissen wie 5.41 durchgeführt wurden, zeigen folgende Einzelergebnisse.

Die gemittelten tatsächlichen Geschwindigkeiten betragen:

Gangwahl	Geschwindigkeit km/h	% der max. Ganggeschwindigkeit	Gangwahl	Geschwindigkeit km/h	% der max. Ganggeschwindigkeit
I	2,4	93	I	5,9	94
II	5,6	94	II	11,1	86
III	8,5	63			

Für die konstante Zeit (t_k) ergibt das aufgenommene Spannungsdiagramm die Mittelwerte:

Stillstandszeit		2 s / Spiel
Beschleunigung:		
vorwärts	(volles Schild)	+ 0,7 m/s^2
rückwärts		± 1,2 m/s^2

Im übrigen ist das Diagramm, Abbildung 27 (S. 52), in zwei verschiedenen Meßbereichen aufgenommen, und zwar getrennt nach Vor- und Rückfahrt. Die große Empfindlichkeit in der Geschwindigkeitsanzeige bei der Lastfahrt läßt einerseits die Fahrzeit im 1. Gang, d.h. die Füllzeit des Schildes, und andererseits die durch die Bodenwiderstände auftretenden Geschwindigkeitsschwankungen in Erscheinung treten.

Für den Fall, daß die Strecken der Hin- und Rückfahrt genügend gleich sind, läßt sich mit den ermittelten Werten ein Grundzeitdiagramm, wie es die Abbildung 28 zeigt, aufstellen. Dabei ist die Zeit für das Füllen des Schildes (im Mittel 15 s) der konstanten Zeit (t_c) zuzuschlagen. Ausdrücklich sei aber darauf hingewiesen, daß die Werte nicht für gewachsenen oder bindigen Boden gelten.

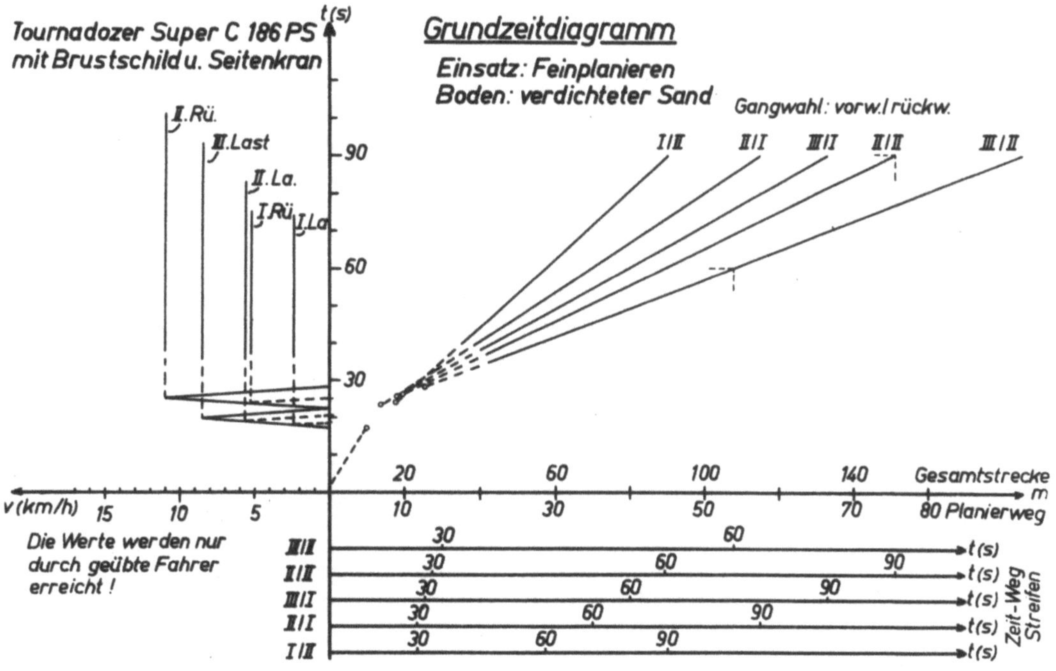

A b b i l d u n g 28

5.43 Der Standortwechsel und die Wegeunterhaltung

Der Einsatz des Tournadozers im Tagebau und die zukünftige Verwendung von Radschleppern der 200 PS-Klasse auf inländischen Baustellen wird in hohem Maße durch die Transportmöglichkeiten und -Geschwindigkeiten bestimmt, weil damit der Radius des wirtschaftlichen Arbeitsbereiches verknüpft ist. Es sollten deshalb bei diesen Geräten die zulässigen Maße und Gewichte der St.V.O. nicht überschritten werden. Die wesentlichsten Angaben sind in der nachfolgenden Übersicht zusammengestellt:

T a b e l l e 3

Abmessungen und Gewichte

Bezeichnung	Zul.nach St.V.O.	Tournadozer
Länge	20	5,61
Breite	2,5	3,45
Höhe	4,0	2,69
Gesamtgewicht t	16	14,4 ohne Kran
		17,9 mit Kran

Wie vorteilhaft ein ausgesprochener Transportgang für den Standortwechsel ist, zeigt z.B. das vom Dozer Super C während des Baustellenwechsels aufgenommene Diagramm.

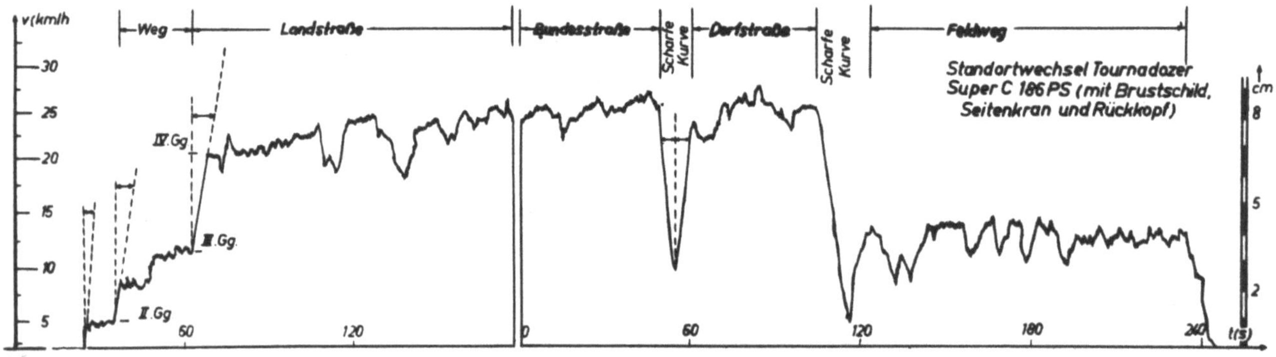

A b b i l d u n g 29

Nach Abbildung 29 ergibt sich daraus auf ausgebauten Wegen und Straßen eine mittlere Geschwindigkeit von 25 km/h, das sind 80 % der max.

Geschwindigkeit. Sie wird i.a. nur durch die horizontale Linienführung des Fahrweges beeinflußt, weil bei dem geringen Fahrwiderstand und der minimalen Zugkraftauslastung Steigungen ohne Geschwindigkeitsveränderungen überwunden werden können. Beim Durchfahren enger Kurven braucht wegen des Flüssigkeitsgetriebes nicht geschaltet zu werden. Die Geschwindigkeit sinken jedoch erheblich ab.

Auf Feldwegen und im Gelände waren wegen der auftretenden vertikalen Schwingungen nur Fahrten im 3. Gang (ca. 12,5 km/h) möglich. Ferner läßt das Diagramm gut erkennen, daß bei den durchgeführten Versuchsfahrten die positiven und negativen Beschleunigungen - absolut gesehen - fast gleiche Größe hatten.

Die Anmarsch- und Arbeitsgeschwindigkeiten der Radschlepper sind wesentlich für ihre Wirtschaftlichkeit bei der Wegeunterhaltung. Infolge der Konkurrenz des Straßenhobels, der für reine Planierarbeiten wegen der Scharanordnung besser geeignet ist, erfolgt der Radschleppereinsatz vorteilhaft bei größeren Schäden infolge Rutschungen, Schneeverwehungen usw.

5.44 Das Gleisrücken

Im Tagebau wurden bisher an Stellen, wo die Absetzer- und Baggergleise mit Gleisrückmaschinen nicht befahren werden konnten, zum Gleisrücken ausnahmsweise Planierraupen eingesetzt. Sie drückten den Schienenstrang entweder mit ihrem Schild oder zogen ihn mit Hilfe einer Kette, deren Haken bei den Schienen eingehängt wurden. Daß bei dieser Methode die Raupen nicht zwischen den Gleissträngen arbeiten konnten, war neben dem absatzweisen Rücken ein großer Nachteil.

Diese Einschränkungen entfallen bei der 1953 im Tagebau entwickelten Rückmethode des Tournadozers mit Seitenkran. Hierbei wird der Rückkopf vom Kran gehalten und gegen den Dozer abgespreizt.

Wie die Abbildung 30 zeigt, spannt man eine Schiene des Gleises zwischen die Rollen des Rückkopfes, so daß das Gleis angehoben und quer zu seiner Trasse gezogen bzw. gedrückt werden kann. Bei gleichzeitiger Vor- bzw. Rückwärtsfahrt parallel zur Gleisrichtung ist damit eine kontinuierliche Gleisverlegung möglich. Der Arbeitsvorgang ist somit dem der Kippenrückmaschine ähnlich. Ein Leistungsvergleich mit den bisherigen Methoden erfolgt unter 5.5 (s. auch Abb. 40).

1. Ausführung

2. Ausführung

3. Ausführung

A b b i l d u n g 30

Für das Gleisrücken mit dem Tournadozer entwickelte Rückköpfe

Inzwischen haben sich zwei Einsatzarten durchgesetzt. Bei dem ziehenden Rücken wird die dem Dozer zugewandte Schiene eingespannt und das Gleis je Fahrt etwa um 1,5 m seitlich verlegt. Unebenheiten des Geländes werden infolge der Hubhöhe leicht überzogen, so daß nur die Fläche der endgültigen Gleislage gut planiert sein muß. Soll das Gleis an den Kipprand bzw. neben ein bereits liegendes Gleis gerückt werden, so ist der Rückkopf auf die dem Dozer abgewandte Schiene zu spannen und das Gleis ist zu drücken. Dadurch ist das Rückmaß, wie die Abbildung 31 zeigt, durch den Abstand zwischen Schwelle und Rad begrenzt. Der Arbeitsvorgang des Ausrichtens bedarf keiner besonderen Erörterung.

Für die Aufstellung des Grundzeitdiagrammes müssen neben den Geschwindigkeiten die konstanten Zeiten bekannt sein. Sie sind aus dem aufgenommenen Diagramm, wie die Abbildung 32 auszugsweise zeigt, ermittelt und ergeben folgende Werte (Die starken Geschwindigkeitsschwankungen erklären sich durch die Arbeitsart.)

Bei ziehender Arbeitsweise				bei drückender Arbeitsweise			
	Gangwahl	Geschwindigkeit km/h	% der max. Ganggeschwindigkeit		Gangwahl	Geschwindigkeit	% der max. Ganggeschwindigkeit
vorwärts	II III	5,5 8,5	91 63	vorwärts	II	5,5	91
rückwärts	II	9,0	75	rückwärts	II	9,8	75

Ein mit diesen Werten aufgestelltes Grundzeitdiagramm ist wegen der Unsicherheit der weiteren die Arbeit beeinflussenden Faktoren, wie Rückbreite, Zustand der Gleise usw. nur beschränkt anzuwenden. Es ergibt jedoch im Vergleich zu den übrigen Diagrammen einen guten Überblick über den Arbeitsvorgang.

Das Diagramm gilt nicht für Doppelrostgleise, weil hierbei andere Verhältnisse vorliegen. Sie näher zu untersuchen, würde zu weit führen, da man zunächst die Wirtschaftlichkeit des Dozers bei dieser Arbeitsmöglichkeit durch Vergleich mit den bisherigen Methoden nachweisen müßte.

a) ziehende Rückweise

b) drückende Rückweise

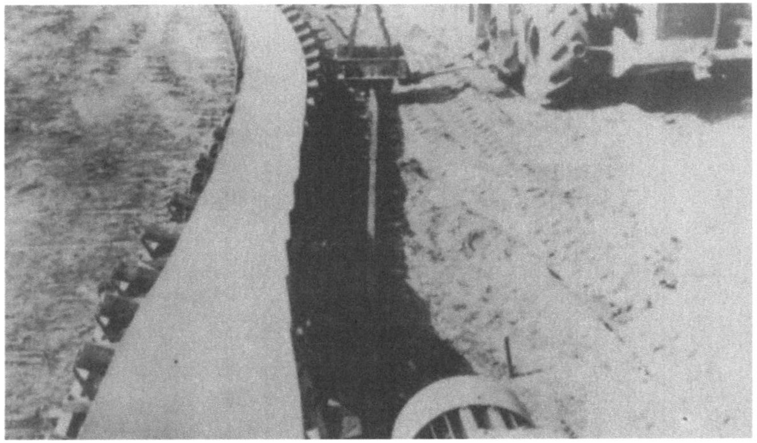

c) Rücken einer Bandanlage

d) Ausrichten des verlegten Gleises

A b b i l d u n g 31

Gleisrücken mit dem Tournadozer

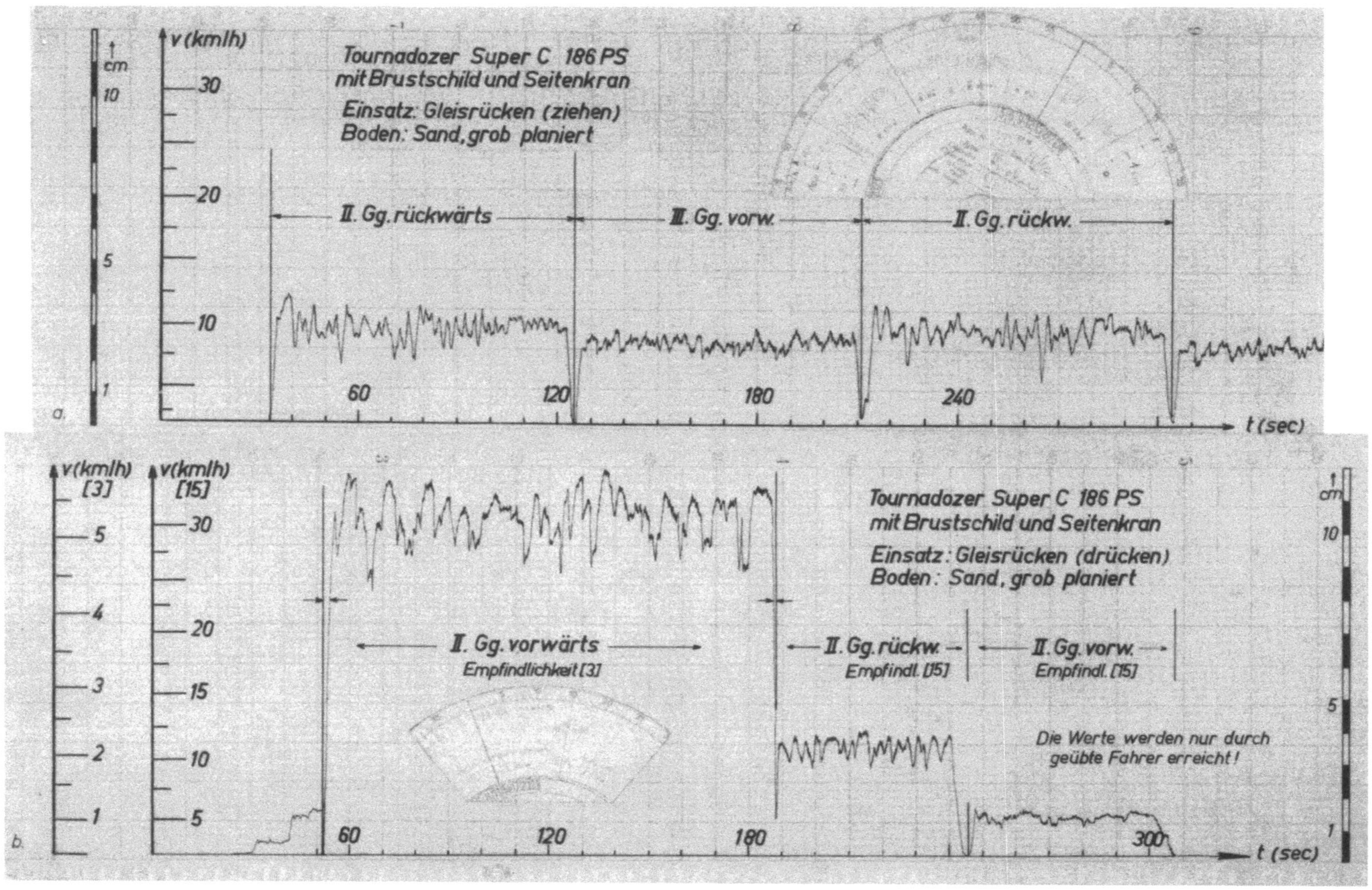

A b b i l d u n g 32

Tournadozer Super C 186 PS mit Brustschild und Seitenkran

a. Einsatz: Gleisrücken (ziehen)
Boden: Sand, grob planiert

b. Einsatz: Gleisrücken (drücken)
Boden: Sand, grob planiert

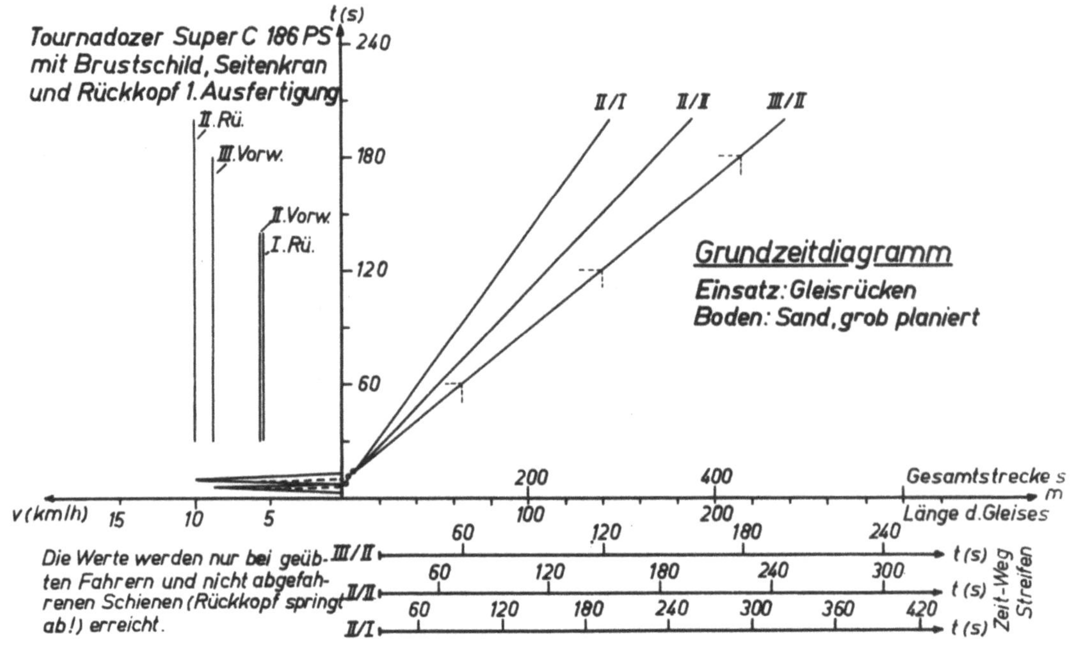

A b b i l d u n g 33

5.45 Weitere Einsatzmöglichkeiten

Eine weitere wirtschaftliche Einsatzmöglichkeit der Radschlepper mit Seitenkran (z.B. Super C) ist das Lastenschleppen. Hierunter ist der Transport von Schienen, Schwellen, Rohren usw. zu verstehen, die über längere Entfernungen - je nach dem Gelände bis etwa 300 m - geschleppt werden, weil sich das Verladen nicht lohnt. Die bei trockenem Wetter auf lehmig-kiesigem Untergrund durchgeführten Schleppversuche mit Raupen- und Reifengeräten haben folgende Ergebnisse gebracht:

Schleppentfernung 80 m;		Last 5,7 t
Raupe I	150 PS	2,34 km/h
Raupe II	135 PS	2,56 km/h
Tournadozer	186 PS	4,31 km/h

Besonders zu beachten ist außerdem die höhere Rückfahrgeschwindigkeit der Schlepper.

Dagegen lag das Schleppvermögen der Geräte für

die Raupe I bei 10 t oder 60 % ihres Gesamtgewichtes
die Raupe II bei 9 t oder 62 % ihres Gesamtgewichtes
den Dozer bei 6 t oder 35 % seines Gesamtgewichtes

d.h. die Zugkraft des Dozers war um rund 40 % niedriger als die der Raupen. Auf kurzen Entfernungen stehen somit die höheren Geschwindigkeiten der Reifenschlepper mit den besseren Zugkräften der Raupenschlepper in Wettbewerb bezüglich der Wirtschaftlichkeit.

Weiterhin ist der Einsatz der Schlepper als Zugmaschine für Anhängeschürfwagen oder als Schubgerät beim Laden der Schürfwagen nach vorliegenden Literaturangaben [8] vorteilhaft, weil sich die Beweglichkeit und die höheren Geschwindigkeiten günstig auf die Bodenförderung auswirken.

Allerdings darf nicht verkannt werden, daß die Zug- bzw. Schubkräfte der Reifenschlepper bedeutend geringer sind und ihr Einsatz sehr stark witterungs- und bodenabhängig ist. Untersuchungen konnten von dem Verfasser nicht durchgeführt werden, da derartige Schleppereinsätze in Deutschland noch nicht üblich sind.

Dagegen hat sich die Verwendung des Seitenkranes der Schlepper sehr eingebürgert, weil die möglichen Hubkräfte und -höhen meist ausreichen. Wegen der Fähigkeit, den jeweiligen Standort relativ schnell zu wechseln (s. 5.43), läßt sich der Schlepper beim Auf- und Abladen von Lasten, Aufstellen von Masten, Verlegen von Rohren großer Durchmesser, Verlegen von Weichen und Rampen, Aufrichten entgleister Wagen usw. wirtschaftlich einsetzen.

5.46 Der verbesserte Kraftschluß durch zusätzliche Belastung

Die Grenze der Zugkraft wird bei Radschleppern oft durch den Kraftschluß zwischen Rad und Boden, d.h. durch den auftretenden Schlupf bestimmt. Er wird, wie Untersuchungen am Schlepper in der Landwirtschaft ergaben, wesentlich durch das auf den Antriebsrädern ruhende Gewicht beeinflußt, so daß mitunter für besondere Arbeiten zur Vergrößerung der Triebachslast Eisengewichte, Sandsäcke, Betonklötze usw. angebracht werden. Die einfachste Möglichkeit der Gewichtserhöhung, nämlich die Flüssigkeitsfüllung der Reifen, wird in den USA am häufigsten, in Deutschland jedoch sehr selten angewandt. Die Gründe für die Ablehnung, die in der Unkenntnis der Wirksamkeit, in der Abneigung gegen die befürchtete umständliche Handhabung des Füllvorganges, in der Besorgnis des Einfrierens der Reifenfüllung, in der angenommenen Veränderung der Federungseigenschaft beim Reifen usw. zu sehen sind, sollen nicht weiter erörtert werden. Dagegen soll die Frage der Zugkraftverbesserung des Schleppers Super C ohne Rücksicht auf den Einfluß der Flüssigkeitsfüllung auf den Reifen im folgenden untersucht werden.

Die Untersuchungsergebnisse und Erfahrungen mit Reifenfüllungen bei Ackerschleppern, die in deutschen, amerikanischen und englischen Forschungsanstalten ermittelt worden sind, ergeben folgende Grundlage:

5.461 Bei gleich schwerer Zusatzlast durch Eisengewichte oder Wasserfüllung ist die Zugkraftverbesserung auf lockerem Lehmboden und festem trockenen Tonboden gleich groß [18].

5.462 Die Zugkraft ist nach eingehenden Untersuchungen von SAUVE und McKIBBEN bei 16 % Schlupf an der Rutschgrenze etwa proportional der Triebachslast. Wesentliche Unterschied infolge der Art der Reifenfüllung ergaben sich bei gleichen Innendrücken nicht [19].

5.463 Die Zugkraft eines Schleppers ist bei gleich großer Triebachslast unabhängig davon, ob der Füllungsgrad, das ist das Verhältnis der eingefüllten Flüssigkeitsmenge zum Gesamtfassungsvermögen, 75 %, 95 % oder 100 % beträgt, wenn nur die Reifeneinsenkung annähernd gleich groß gehalten wird. Allerdings ist nicht ersichtlich, auf welchen Ausgangswert sich die Reifensenkung bezieht [20].

5.464 Der Innendruck im unteren Teil des Reifens, der bei wassergefüllten Reifen im Gegensatz zur Luftfüllung wegen der Wassersäule etwa um 0,1 atü größer als der Druck im jeweils oben stehenden Reifenteil ist, beeinflußt wesentlich die Wirksamkeit (effectiveness) von Schlepper-Reifen. Höhere Drücke der Reifen, ganz gleich, ob bei Luft- oder Wasserfüllung, verringern ihre Wirksamkeit in lockeren sandigen Böden und vergrößern sie auf festem Untergrund. Die Innendrücke im unteren Teil ändern sich bei Luftfüllung nicht, bei 100 % Wasserfüllung dagegen merklich mit zunehmender Zuglast, d.h. größer werdendem Schlupf [21].

5.465 Der Kraftschlußbeiwert, das ist das Verhältnis von Triebkraft (Zugkraft + Rollwiderstand) zu Triebachslast, nimmt auf Kohäsionsb den etwas zu. Somit kann der absolute Betrag der Zugkrafterhöhung infolge der Reifenflüssigkeitsfüllung größer werden als der des Flüssigkeitsgewichtes.

Auf verhältnismäßig festen, sandigen Böden verändert sich der Kraftschlußbeiwert dagegen bei zunehmender Triebachslast nicht. Auf weichen und losen Böden dagegen nimmt der Kraftschlußbeiwert mit steigender Triebachslast ab. Insgesamt ist jedoch eine Vergrößerung der Zugkraft mit zunehmender Triebachslast offensichtlich [10].

Diese Feststellungen führen zu der Frage, ob sich die Erkenntnisse aus der Landwirtschaft auf Schlepper der 200-PS-Klasse übertragen lassen, um dadurch der störenden Zugkraftverminderung bei bestimmten Bodenverhältnissen entgegenzuwirken. Im Tagebau sind deswegen Untersuchungen mit zwei Geräten gleichen Typs durchgeführt worden, die einen Vergleich der Zugkräfte zwischen wasser- und luftgefüllten Reifen zulassen [22]. Dabei war das Gewicht des einen Dozers infolge der Reifenwasserfüllung (Füllungsgrad 90 %) gegenüber dem anderen Gerät um 10 % höher, so daß sich in Anlehnung an die Ausführungen unter 5.461 bis 5.465 folgendes ergeben müßte:

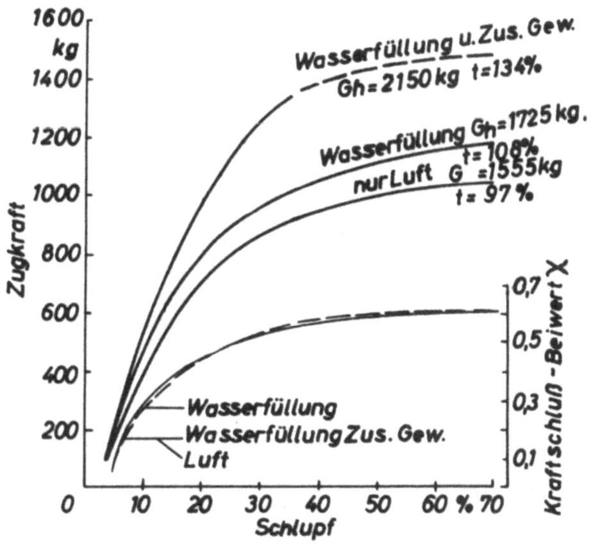

A b b i l d u n g 34

Reifen: 11,25 - 24 AS

Boden: toniger Lehm, geschält, feucht

Für feste bindige etwas feuchte Böden ist infolge der Reifenwasserfüllung eine mindestens 10 %-ige oder höhere Zugkraftverbesserung bei 16 % Schlupf und mehr zu erwarten; für sandige, feste Böden dagegen eine 10 %-ige. Bei losen bindigen bzw. sandigen Böden aber kann die Zugkraft durch die Reifenwasserfüllung nur unwesentlich beeinflußt werden.

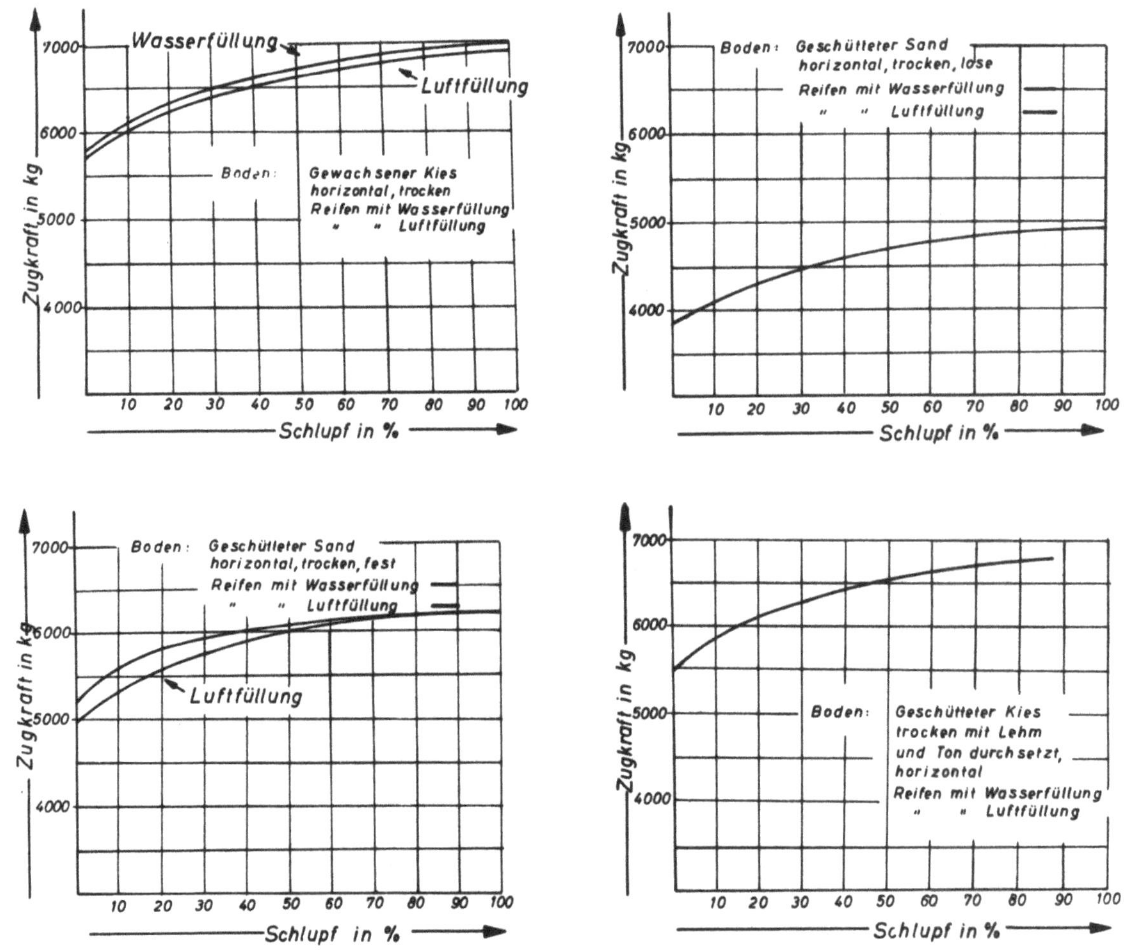

A b b i l d u n g 35
Zugkraft-Schlupf-Diagramm

Die auf Grund der Untersuchung aufgestellten Diagramme (Abb. 35) zeigen bei festem Sand bis auf Werte nahe der Rutschgrenze die theoretisch mögliche Zugkraftvergrößerung von etwa 10 %, während bei gewachsenem Kies die Verbesserung rund 2 % beträgt. Bei geschüttetem Material ergab sich keine Veränderung. Leider konnten Messungen auf bindigen Böden nicht durchgeführt werden, weil diese im Tagebau sehr selten vorkommen.

Diese geringfügigen Zugkraftunterschiede sind, wie ausführliche Untersuchungen zeigten, für die mögliche Bodenfördermenge in der Zeiteinheit unbedeutend. Die Reifenwasserfüllung kann deshalb nur beim Einsatz der Radschlepper als Zug- bzw. Druckgerät auf festen Böden, z.B. in Verbindung mit Schürfwagen, Bedeutung erlangen. Hierfür wäre in weiteren Untersuchungen die Zugkraftverbesserung auf Kohäsionsböden und festen Sandböden bei besonderer Berücksichtigung von 5.464 festzustellen, da bei diesen Böden zugleich die größten Schürfwiderstände auftreten und deshalb möglichst große Zugkräfte anzustreben sind.

5.5 Die Gesamtarbeitsspiele

5.51 Die Grundzeiten des Tournadozers

Die Grundzeiten des Tournadozers ergeben sich bei Verwendung der Bezeichnungen der Abbildung 25 und nach der Seite 38 durch die Gleichung:

$$t_g = t_k + \frac{1}{V_m} - (s - s_k) .$$

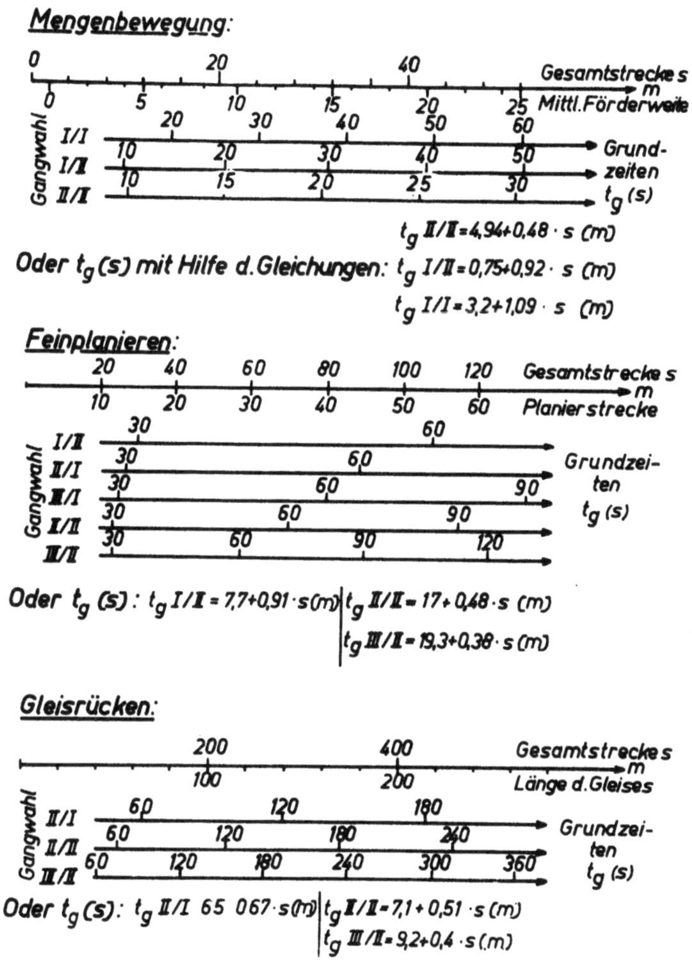

A b b i l d u n g 36
Die Grundzeiten des Radschleppers Tournadozer Super C (186 PS) mit Brustschild und Seitenkran

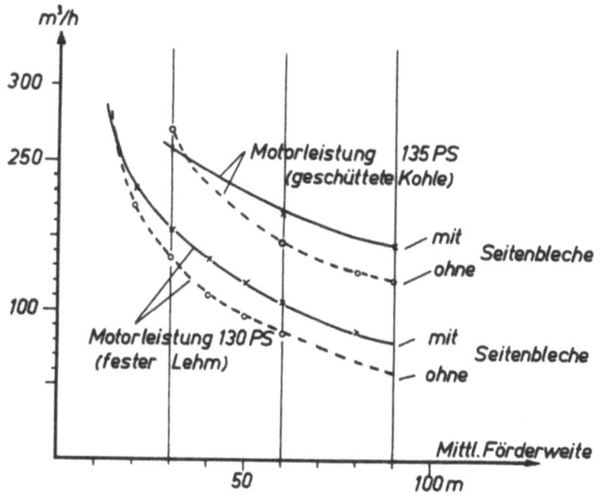

A b b i l d u n g 37
Die stündl. Fördermenge beim Einsatz von Raupen (Planierschilde mit bzw. ohne Seitenbleche (nach SCHÖN [23] und vorliegender Arbeit der T.H. Aachen)

Da weiterhin s_k jeweils konstant ist und

$$t_k - \frac{s_k}{V_m} = t_{k1}$$

gesetzt werden kann, wird

$$\boxed{tg = t_{k_1} + \frac{1}{V_m} \cdot s}$$

5.52 Die theoretische Bodenförderung

Mit Hilfe dieser Werte ist die Bodenförderung in der Zeiteinheit theoretisch zu ermitteln, sobald die Gesamtfahrstrecke des Gerätes bekannt ist. Wird die 60-Minuten-Stunde zugrunde gelegt, so ist bei einer jeweiligen Fördermenge = J die stündliche Bodenfördermenge

$$L = \frac{60}{t_g} \cdot J = \frac{60 \cdot J}{t_{k_1} + \frac{1 \cdot s}{V_m}} = \frac{60 \cdot V_m \cdot J}{t_{k_1} \cdot V_m + s} ; \quad J \text{ in } (m^3) \quad t_g \text{ in } (min)$$

Liegen Fabrikate, Bodenart und Einsatzmethode fest, geht diese Formel für

$$60 \cdot V_m \cdot J = c_1 \quad \text{und} \quad t_{k_1} \cdot V_m = c_2$$

über in die Hyperbelgleichung

$$L = \frac{c_1}{c_2 + s}$$

Bei der Mengenbewegung ist die Bodenfördermenge je Arbeitsspiel wesentlich von der Schildform, dem Schnittwinkel zwischen Boden und Schild, dem Vorhandensein von Seitenschilden usw. abhängig.

Für die Errechnung der gesamten Schildfüllung hat DREES [30] theoretisch eine interessante Formel entwickelt. Ihre praktische Genauigkeit ist allerdings noch nicht nachgewiesen.

Als Fastformel hat sich für die Berechnung der Schildfüllung bei Planierarbeiten bisher folgende Formel eingebürgert:

$$v_s = l \cdot \frac{h^2}{2} ; \quad l = \text{Schildbreite}, \quad h = \text{Schildhöhe}$$

Damit ergeben sich beim Dozer $\approx 1,96\ m^3$.

Vorhandene Seitenbleche sind bei losem Material wie auch bei gewachsenen bindigen Böden bereits bei Förderweiten größer 40 bzw. 20 m wirtschaftlich. Wie das Diagramm zeigt, vergrößert sich die stündliche Fördermenge bis zu 20 %. Da außerdem nach bisher unveröffentlichten Ergebnissen des Instituts für Kraftfahrwesen der Technischen Hochschule Aachen der spezifische Kraftstoffverbrauch bei Verwendung von Schilden mit Seitenblechen geringer ist, sind abnehmbare Seitenbleche, deren Größe und Form nicht unwesentlich ist, unbedingt zu empfehlen.

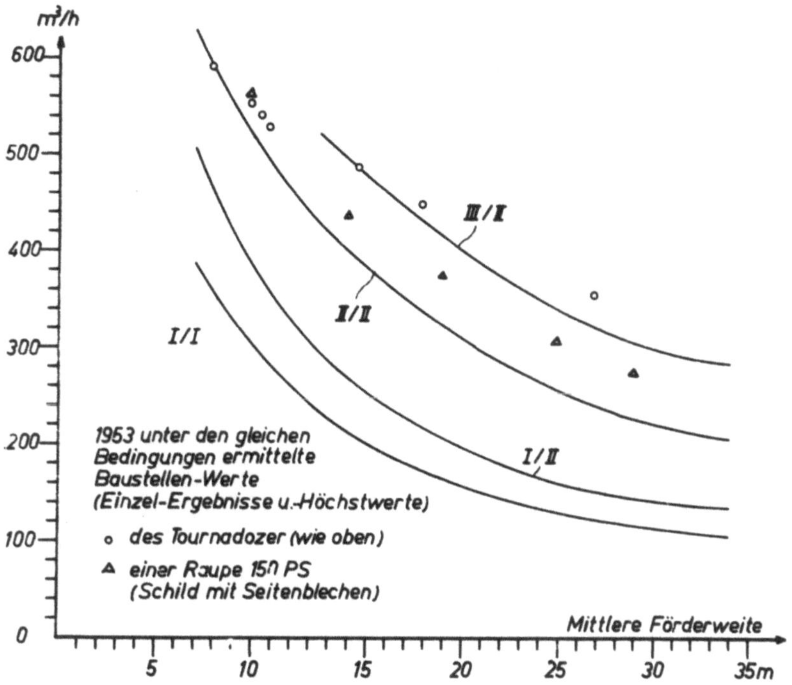

A b b i l d u n g 38

Die theoretische Bodenförderung je Stunde

Gerät: Tournadozer Super C 186 PS mit Brustschild ohne Seitenbleche, und Seitenkran

Einsatz: Mengenbewegung

Boden: Sand, durch Absetzer in hohen Raupen geschüttet

Legt man die für die theoretische Bodenförderung entwickelte Gleichung zugrunde, so läßt sie sich bei der Mengenbewegung durch Kurven angeben (Abb. 38). Um den örtlichen Einsatzverhältnissen gerecht zu werden, muß man hierbei als Schildfüllung allerdings 2,2 m^3 je Arbeitsspiel einsetzen. Das Material konnte nämlich wegen der mindestens an einer Seite der Planierstrecke vorhandenen Bodenraupe nicht seitlich abfluten, wie das i.a. der Fall ist. Im Vergleich zu üblichen Angaben und zur

Faustformel liegt dieser Wert um 10 % höher. In der Literatur [8] werden hierfür bis zu 18 % angegeben.

Das Diagramm läßt eindeutig die übereinstimmende Tendenz der praktisch und rechnerisch ermittelten Werte erkennen.

Ferner ist die Überlegenheit des Dozers gegenüber der Raupe ersichtlich, denn ab ca. 12 m Förderweite ist die Raupenleistung etwa 15 % kleiner. Es wird aber besonders darauf hingewiesen, daß die eingetragenen Einzelergebnisse Höchstwerte sind und i.a. die Gangwahl II/II zutrifft.

Beim Planieren wachsen die theoretisch möglichen Planierflächen je Stunde in bestimmten Grenzen zwar mit dem Planierweg - eine exakte Darstellung ist jedoch wegen der jeweils zu unterschiedlichen Baustellenbeschaffenheit sowie der geforderten Planiergüte nicht möglich. Praktisch haben sich für die ähnlich bleibenden Verhältnisse der Kippen bei Absetzern im Tagebau und einer für das Gleisrücken geforderten Planiergüte die Einzelwerte der Abbildung 39 ergeben.

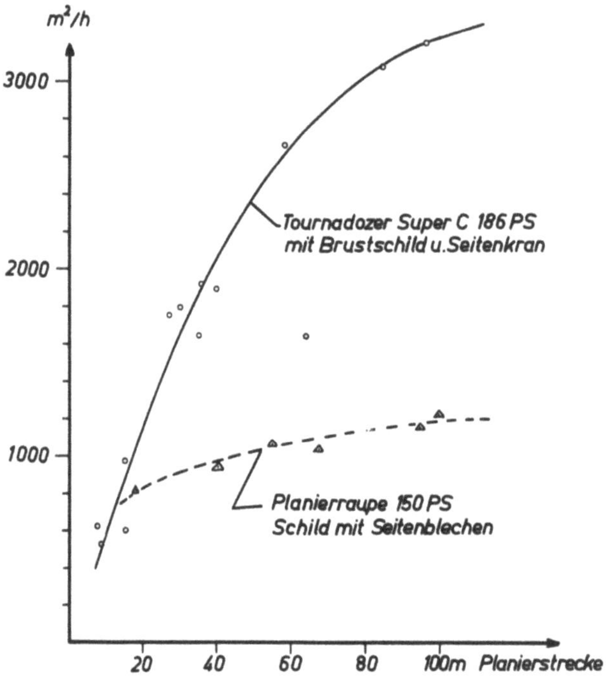

A b b i l d u n g 39

Planierte Flächen je Stunde in Abhängigkeit von der Arbeitslänge bei 100 % Geräteausnutzung

(Einzel-Ergebnisse und -Höchstwerte) Boden: feinkörniger Sand

Beim Einsatz des Tournadozers sind danach Planierstrecken bis 70 m anzustreben. Auf keinen Fall sind die Ergebnisse jedoch allgemein gültig.

Das Gleisrücken erfolgt erfahrungsgemäß selten bei einer kleineren Gleislänge als 100 m. Deshalb ist, wie das Grundzeitdiagramm (Abb. 32, S. 59) zeigt, der konstante Zeitanteil für die Festlegung des möglichen Rückmaßes je Stunde bedeutungslos. Vielmehr beeinflussen die teilweise unter 5.44 erwähnten Faktoren, wie z.B. der Zustand der Gleise (Rückkopf springt ab), die Arbeitsweise des Fahrers, die Ebenheit der Rückfläche, die Kurvenlage des Gleises, die Zeit zum Geräteumbau beim Übergang der ziehenden zur drückenden Arbeitsweise, die Zeit zum Ausrichten und nicht zuletzt die von 0 bis 2,3 m variierende jeweilige Rückweite, den Arbeitsablauf.

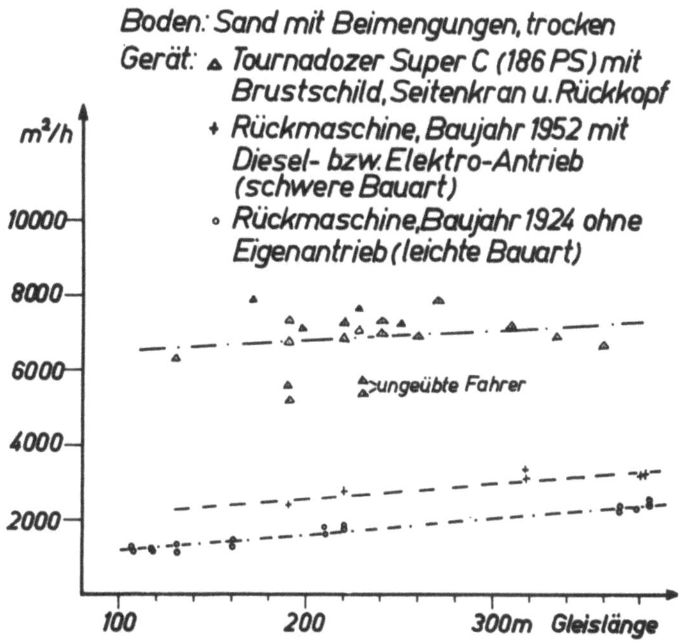

A b b i l d u n g 40

Das Rücken der Förder- und Absetzergleise im Tagebau

Aus diesen Gründen sind örtlich bei verschiedenen Längen von Förder- und Absetzergleisen sowie der Normalspurgleise die jeweils überrückten Flächen und die dazu erforderlichen Zeiten festgehalten worden. Umgerechnet auf die je Stunde mögliche Rückfläche ergaben sich die in Abbildung 40 aufgezeigten Werte. Sie lassen erkennen, daß die Gleislänge und die Gleisart in dem dargestellten Bereich praktisch bedeutungslos ist. Zum Vergleich wurden die durch BLUM [25] vorliegenden Ergebnisse von Brücken-Gleisrückmaschinen aufgetragen, die unter den gleichen Bedingungen ermittelt wurden. Die bedeutend höheren Werte beim Einsatz des Dozers sind im wesentlichen auf das jeweilige Rückmaß von im Mittel 1,5 m beim Reifenschlepper im Vergleich zu 0,7 m bei den Rückmaschinen, Baujahr 1952, bzw. 0,3 m bei älteren zurückzuführen. Allerdings darf der Vorteil der Rückmaschinen bei der Verlegung der Baggerroste nicht verkannt werden, weil hier das Rückgewicht für den Tournadozer zu groß wird.

6. Der Straßenhobel im gleislosen Förderbetrieb

6.1 Die Bauarten, technische Daten und Arbeitsweisen

Während die bereits unter 1.2 erwähnten zweiachsigen Straßenhobel Allradantrieb besitzen, werden die dreiachsigen Geräte entweder mit Vierrad-Heckantrieb (Tandem-Antrieb) gebaut oder es werden, wie z.B. bei zwei amerikanischen Typen, alle 6 Räder angetrieben. Die Wahl der wirtschaftlichsten Bauart ist im Hinblick auf den Verwendungszweck (Nivellier-Eigenschaft) unter Berücksichtigung der Baustellenverhältnisse zu entscheiden.

Seinem großen Anwendungsbereich zufolge, aus dem neben den Erdbaueinsätzen die Arbeiten im Straßenbau, wie das Beseitigen alter Decken, das Mischen von geschütteten Straßenbaumaterial durch Umwälzen, das Verteilen von Schotter und das Herstellen und Abstufen von Böschungen herausragen, wird er in großen Stückzahlen hergestellt. In Deutschland beschränkt sich der Einsatz der Straßenhobel bisher (bis auf wenige Ausnahmen) auf den Erdbau, so daß vornehmlich Planierarbeiten anstehen.

Hinsichtlich der möglichen Planiergüte ist der Straßenhobel wegen der Scharanordnung zwischen den Rädern und seiner längeren Bauart den Planierraupen und Schleppern eindeutig überlegen. Aber auch die zwei- und dreiachsigen Geräte weisen in dieser Beziehung, wie die Abbildung 41 (S. 71) zeigt, erhebliche Unterschiede auf, weil mit der Tandem-Radschwinge am Heckteil der 3-achsigen Bauart ein besserer Nivelliereffekt erreicht wird.

Planier-(Nivellier-)Eignung bei Gradern
(1) Vierrad-Grader mit oder ohne Allrad-Antrieb
(2) Sechsrad-Grader mit Tandem-Schwinglagerung der Heck-Triebräder

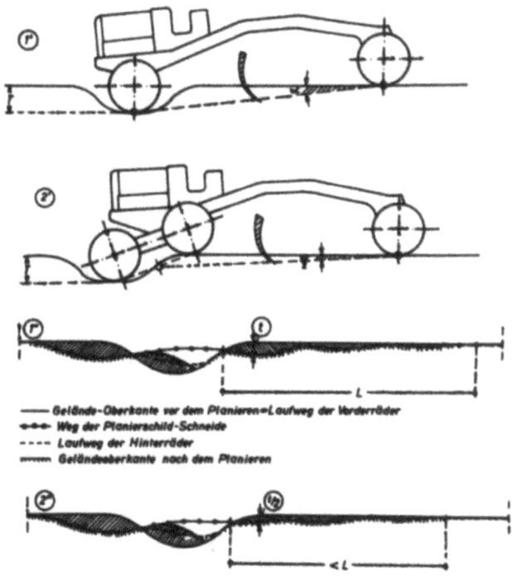

A b b i l d u n g 41
Planiergüte von Gradern
(1) Vierrad-Grader mit oder ohne Allrad-Antrieb
(2) Sechsrad-Grader mit Tandem-Schwinglagerung der Heck-Triebräder

Im Rahmen der vorliegenden Arbeit ist die erreichbare Planiergüte insofern interessant, als dadurch die Transportgeschwindigkeit der Schürf- und Erdtransportwagen wesentlich beeinflußt wird. Aus diesem Grunde sind für diesen Fall die Nivellier-Eigenschaft und Wirtschaftlichkeit eines 3-achsigen Straßenhobels untersucht worden. Seine technischen Daten sind aus Tabelle 4 ersichtlich.

6.2 Beschreibung der Einsatzbaustellen

Diese Möglichkeit ergab sich bei Einsätzen gleisloser Erdtransportgeräte im Braunkohlen- bzw. Erztagebau. Entnahmestelle und Kippe lagen bei der durchzuführenden Abraumbeseitigung rund 500 bzw. 700 m auseinander. Der Abraumtransport erfolgte im Braunkohlentagebau auf einer sandigen mit tonigen Beimengungen durchsetzten Erdstraße durch rund 700 Fahrten je Tag mit Erdtransportfahrzeugen, Bauart Mack. Im Erztagebau dagegen waren für die Bodenförderung von rund 3000 m^3 pro Tag Motorschürfwagen verschiedener Größe eingesetzt. Abraum und Fahrbahn bestanden aus schwerem bindigen Boden. Weitere Einzelheiten sind in der Baustellenskizze 5 dargestellt.

T a b e l l e 4

Technische Daten einiger Straßenhobel

Fabrikat und Type		Aveling-Austin 99 H	Allis-Chalmers AD 40	Frisch M 90 H 6	Drenstein-Koppel und LMG
Dieselmotor	PS	100/6 Zyl.	104/4 Zyl.	93/6 Zyl.	100/4 Zyl.
Drehzahl	U/min	1800	1600	1300	1500
Geschwindigkeit: 1. Gang vorwärts	km/h	3,45	4,30	3,00	3,20
2. Gang vorwärts	km/h	5,76	6,40	5,50	5,60
3. Gang vorwärts	km/h	8,40	9,30	7,56	8,40
4. Gang vorwärts	km/h	12,00	14,00	13,80	11,80
5. Gang vorwärts	km/h	19,48	20,70	16,50	20,40
6. Gang vorwärts	km/h	31,07	32,80	30,20	32,00
1. Gang rückwärts	km/h	3,59	5,10	3,56	3,20
2. Gang rückwärts	km/h	12,16	7,70	6,65	5,60
3. Gang rückwärts	km/h	-	-	-	8,40
Achszahl		2	3	3	3
Antrieb		Allradantrieb	2 Hinterachsen	2 Hinterachsen	2 Hinterachsen
Lenkung		Allradlenkung	Vorderachse	Vorderachse	Vorderachse
Bereifung: Lenkachse		2 St. 14,00x20	2 St. 9,00x24	2 St. 9,00x24	2 St. 12,00x24
Mittelachse		-	2 St.13,00x24	2 St.13,00x24	2 St. 16,00x24
Hinterachse		2 St. 14,00x20	2 St.13,00x24	2 St.13,00x24	2 St. 16,00x24
Gesamtlänge	mm	7390	7750	8100	7800
Max. Höhe mit Führerkabine	mm	3070	3190	ohne 2450	ohne 2650
Max. Breite	mm	2400	2330	2400	2480
Radstand	mm	5690	5720	5780	5600
Spurweite	mm	2060	1990	1920	2090
Kleinster Wenderadius	m	9,4	12,2	9	12,0
Schar: Länge	mm	3960	3690	3600	3960
Breite	mm	570	656	550	550
Schürftiefe unter Planum	mm	530	-	-	-
Hubhöhe über Planum	mm	400	490	420	410
Waagerechter Schwenkbereich	Grad	360°	360°	360°	360°
Max. Böschungsschneidwinkel	Grad	90°	90°	90°	90°
Verstellung der Schar		hydr.	mech.	hydr.	mech.
Gewicht	t	10,19	11,10	11,84	12,20

6.3 Die Versuchsanordnung- und -durchführung

Fahrbahnunebenheiten vermindern zwangsläufig die Geschwindigkeiten der Transportfahrtzeuge, weil die auftretenden vertikalen Schwingungen nur einen niedrigen Gang zulassen. Ihre Registrierung und Auswertung bei bekannter Geschwindigkeit ergibt deshalb ein Maß für die Güte der Fahrbahn.

Um für die Nivelliergüte des Straßenhobels einen Maßstab zu erhalten, wurden bei jeweils gleicher Geschwindigkeit die vertikalen Schwingungen eines Volkswagens auf der Erdbahn, einer Bundesstraße, einer Ortsdurchfahrt und auf einer Autobahn festgestellt.

Ganz analog erfolgte die Feststellung der Auswirkungen von Vertikalschwingungen auf die Geschwindigkeit der Erdbaugeräte, nämlich durch die Registrierung der Schwingungen auf gut, mäßig und nicht planierten Wegen bei gerade noch möglichen Geschwindigkeiten.

Als zweckmäßiges Registriergerät stellte sich der Askania-Schwingungsschreiber (System Waas) heraus. Hiermit registriert man nämlich die Schwingungen unmittelbar als Funktion der Erdbeschleunigung.

6.4 Die Ergebnisse der Auswertung

(Die Nivelliergüte der Straßenhobel auf Erdstraßen)

Einen Vergleich zwischen der Ebenheit einer planierten Erdstraße und befestigten Fahrbahnen ermöglichen die folgenden Diagramme von vertikalen Schwingungen. In dieser Abbildung 42 sind die während der Fahrt auf befestigten Fahrbahndecken auftretenden vertikalen Schwingungen denen einer planierten bzw. nicht planierten Erdstraße gegenübergestellt. Bei dem Vergleich überrascht die Tatsache, daß die Ebenheit einer mit einem dreiachsigen Straßenhobel planierten Erdstraße fast die Güte einer üblichen Autobahndecke erreicht und im Mittel sogar eine ruhige Fahrt wie auf einer überholten Schwarzdecke erlaubt. Auf jeden Fall läßt die planierte Fahrbahn bei der gleichen Fahrzeugbeanspruchung höhere Geschwindigkeiten zu als eine Kopfsteinpflasterung. Außerdem neigen die Unebenheiten der Erdstraße sowie der Schwarzdecke mehr zur Welligkeit, wie die Diagramme zeigen. Die Stöße sind nicht so hart.

Die Diskussion der Schwingungen beim Überfahren der seit einer Woche nicht mehr planierten Fahrbahn ist in diesem Zusammenhang überflüssig.

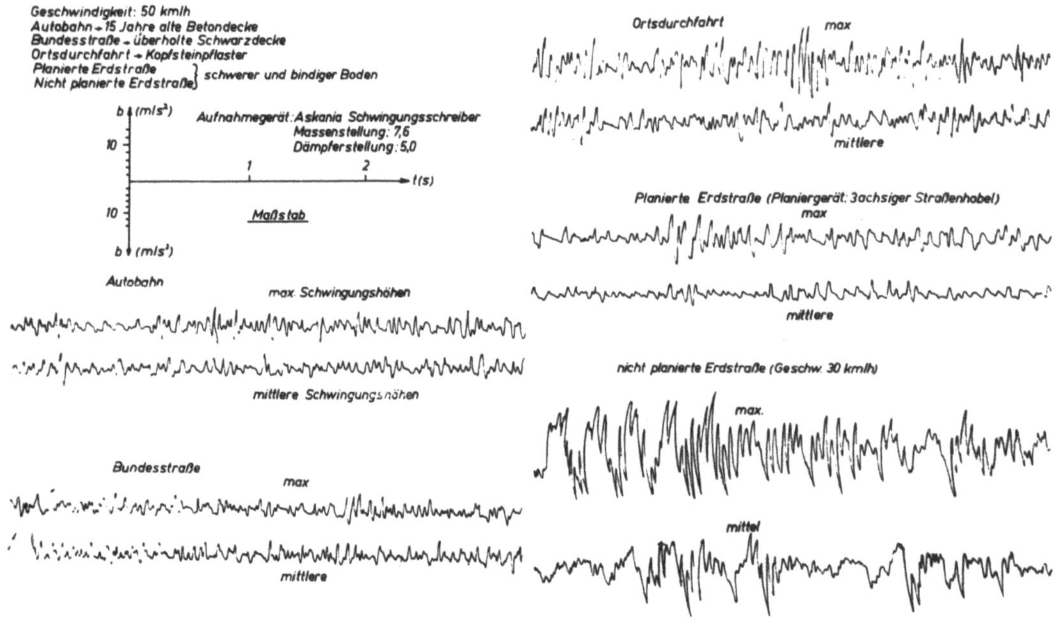

Abbildung 42

Vertikale Schwingungen eines Pkw (Volkswagen während der Fahrt auf verschiedenen Fahrbahndecken

denn einmal betrug die mögliche Geschwindigkeit nur 30 km/h, andererseits liegen bei dieser Geschwindigkeit die vertikalen Beschleunigungen mit rund 12 m/s^2, das sind $\sim$ 1,2 g, nach der Behaglichkeitssonne von PIRATH [11] im Bereich der Unerträglichkeit. Die Grenze zur Unerträglichkeit wird übrigens auch bei Nichtberücksichtigung der abschwächenden Federwirkung der Sitze während der Ortsdurchfahrt (0,9 g) fast erreicht. Hier entsprechen die max. Werte etwa den Mittelwerten der nicht planierten Erdstraße.

Der Einfluß der Fahrbahnunebenheiten auf die Förderung ist nach diesen Ausführungen offensichtlich. Seine praktischen Auswirkungen werden in 14. untersucht.

7. Die Untersuchung der Schürfraupe Menck

7.1 Die Bauarten, technischen Daten und Einsatzmöglichkeiten

Mit der Schürfkübelanordnung zwischen den Raupen und dem vor Kopf angebrachten Schild weicht die Schürfraupe von den üblichen gleislosen Erdbaugeräten erheblich ab. Neben der älteren Bauart ist seit 1953 eine verbesserte Konstruktion im Einsatz. Schon aus wirtschaftlichen Gründen liegt das Schwergewicht auf dem Kübel. Deshalb und wegen der max. möglichen Geschwindigkeit für das Raupenfahrwerk steht sie im Wettbewerb mit den Anhängeschürfwagen. Infolge des möglichen Pendelverkehrs liegt die wirtschaftliche Transportentfernung gegenüber den im Rundverkehr arbeitenden und an Raupen angehängten Schürfwagen gleichen Fassungsvermögen höher.

Neben den üblichen Erdbauarbeiten ist die Eigenart des Gerätes besonders nützlich beim Einsatz im morastigen Gelände, beim Aushub von Fluß- und Kanalsohlen, beim Vortreiben des Dammes oder sonstigen Kopfschüttungen an der Dammböschung beim Aushub von Baugruben usw.

Untersucht wurde ein Gerät älterer Bauart. Die technischen Daten sind in der Tabelle 5 zusammengestellt (s.S. 76).

Die Betätigung der Vorder- und Rückwand und des Bodens erfolgte hydraulisch.

7.2 Beschreibung der untersuchten Baustelle

Als Untersuchungsbaustelle wurde ein Sportplatz-Bauvorhaben ausgewählt. Im Zuge der Durchführung der Erdbauarbeiten waren 30.000 m^3 derart zu verlagern, daß eine Horizontalfläche (entsprechend Baustellenskizze 2, S.75) entstand. Die Förderweite betrug bis zu 150 m. Gefordert war eine einfache Proctordichte von 95 %. Der Boden bestand aus Schluffton bis hartem Mergel. Seine Konsistenz ergab i.a. die Gewinnungsklasse 4 (nach KÖGLER). Allerdings war er infolge der niedrigen Plastizitätsziffer - sie betrug 2 - sehr witterungsempfindlich.

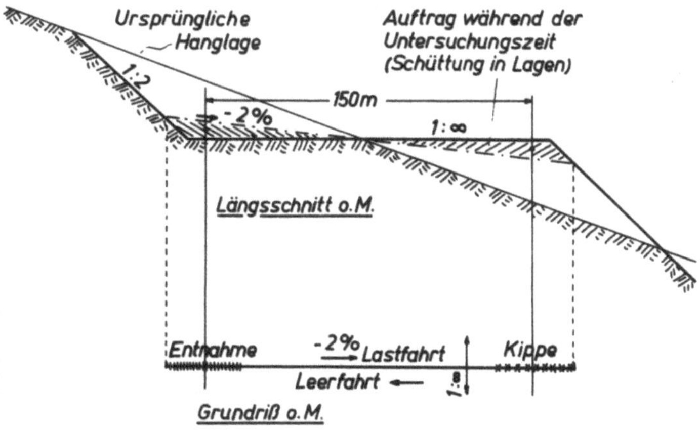

Baustellenskizze 2 (Gerät: Schürfraupe Menck)

Tabelle 5

Technische Daten der Menck Schürfraupe (alte Bauart)

Länge über alles	6000 mm	Zugkraft an der Winde	10 t
Max. Breite	3300 mm	Länge des Windenseiles	100 m
Breite ohne Schild	3080 mm	Motor Type Deutz A 6 II 517	
Höhe	3300 mm	Motor Bauart 6 Zylinder Diesel	
Grabtiefe der Kübelschneide	200 mm	Blockierte Dauerleistung	120 PS
Grabtiefe der Brustschildschneide	200 mm	Brennstoffverbrauch	120 - 140 1/8 h
Kübelinhalt gestrichen	6,5 m^3	Ölverbrauch	3 kg/ 8 h
Breite der Kübelschneide	1900 mm	Vorwärtsgeschwindigkeiten 1. Gang	2,2 km/h
Kraft am Zughaken	10 t	2. Gang	4,3 km/h
Bodendruck leer	0,6 kg/cm^2	3. Gang	8,0 km/h
Bodendruck Kübel gefüllt	0,9 kg/cm^2	Rückwärtsgeschwindigkeit. 1. Gang	2,8 km/h
Bodenfreiheit	350 mm	2. Gang	5,5 km/h
Steigfähigkeit leer	1 : 3	3. Gang	10,3 km/h
Steigfähigkeit Kübel gefüllt	1 : 5	Verladegewicht ohne Winde	19 t
Größte Auftraghöhe	1,3 m		

7.3 Die Versuchsanordnung und -durchführung

Da die Untersuchung der Schürfraupe im Zuge der ersten Versuche erfolgte, mußte neben der Aufnahme von fahrdynamischen Werten mittels Tachographen die Genauigkeit der Versuchseinrichtung überprüft werden. Infolge des Raupenwerkes kam eine Verwendung des Meßrades (Abb. 20) nicht in Frage. Deshalb wurden die nur im eingekuppelten Zustand möglichen Umdrehungen der Getriebewelle registriert. Ihre Übertraggung auf die biegsame Welle eines Tachographen erfolgte durch ein angefertigtes Kopfstück mit entsprechenden Anschlüssen. Bei den vorkommenden Umdrehungszahlen erübrigten sich Adapter. Um zu eichen durchfuhr die Raupe bei fliegendem Start und konstanter Gasstellung eine 60 m lange ebene Strecke, die durch Fluchtstäbe markiert war. Zwei Zeitnehmer stoppten die infolge der jeweiligen Gangwahl verschiedenen Durchfahrtszeiten, um Vergleichswerte für die Eichung zu erhalten.

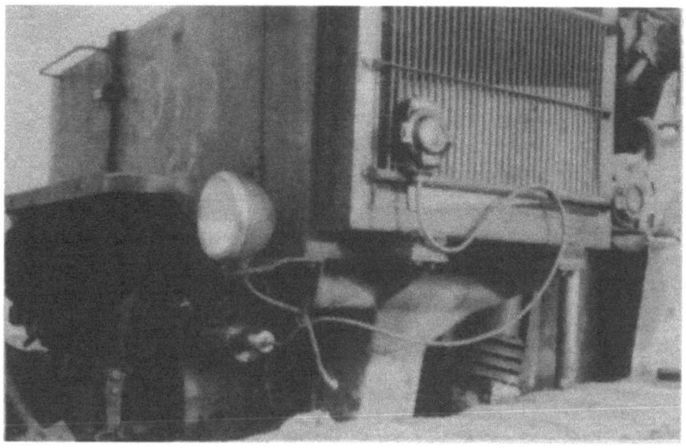

Abbildung 43 a
Versuchsgerät
Tachographenanschluß bei der Schürfraupe

Um die Genauigkeit der Tachographendiagramme und Auswertungen feststellen zu können, wurden je 15 Arbeitsspiele der Schürfraupe bei Transportweiten von 60, 90 und 140 m registriert. Gleichzeitig erfolgte eine Zeitstudie nach Refa. Der Transportweg hatte zur Kippe eine Neigung von 1 - 2 %.

7.4 Ergebnisse der Auswertung

Die Ergebnisse der Auswertung zeigten eine gute Übereinstimmung zwischen den registrierten und gestoppten Werten. Der Papiervorschub bei Verwendung des 3^h-Uhrwerkes differierte um 1,6 %.

Die Ermittlung der konstanten und variablen Zeiten erfolgte an Hand der registrierten Werte durch graphische Addition und Mittelwertbildung. Genau so wurden die Länge des Fahrweges und daraus die mittlere Transportentfernung ermittelt, wobei die Streckendiagramme als Grundlage dienten.

Versuch Nr.	Anzahl d. Spiele	Gang bei Transport	Gemittelte Zeiten in Minuten ( ) - gestoppt: Schürfen	Lastfahrt	Kippen	Rückf.	Gesamt	Mittl. Transportweg ( ) gemessen m	Mittl. Gesamtweg aus Geschw. u. Zeit ( ) aus Wegdiagr. m
1	20	II/II	0,84 (0,81)	1,78 (1,76)	0,24 (0,24)	1,94 (2,00)	4,83 (4,85)	137 (133)	330 (3[illegible]0)
2	15	II/II	1,01 (1,01)	0,81 (0,84)	0,31 (0,27)	1,31 (1,35)	3,31 (3,31)	74 (78)	200 (197)
3	15	II/II	0,87 (0,86)	0,79 (0,80)		1,06 (1,12)	2,72 (2,80)	54 (52)	163,5 (164)

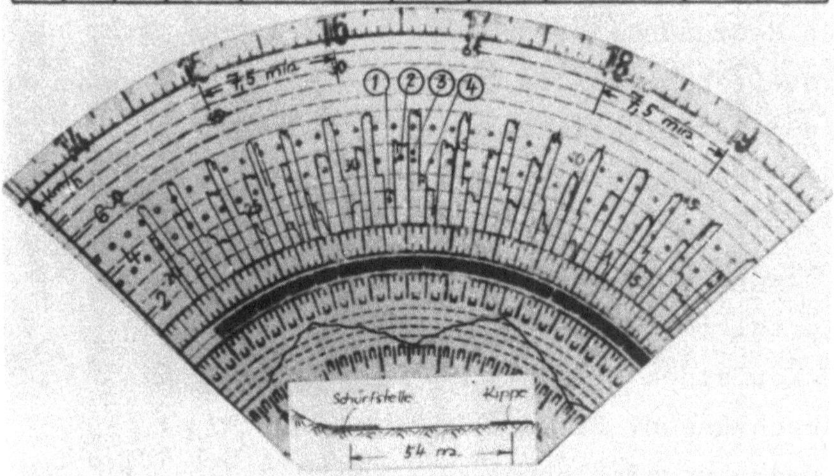

Arbeitsspiele der Schürfraupe bei einer Förderstrecke gleicher Neigung

Aufnahmegerät: Tachograph
Boden: Klasse 4 (nach Kögler)

(1) Schürfen
(2) Lastfahrt einschl. Kippen
(3) Rückfahrt bis z. Böschung
(4) Fahrt auf der Böschung

A b b i l d u n g 43b

In der obenstehenden Abbildung sind diese Ergebnisse den gestoppten Werten gegenübergestellt. Die Abweichungen sind im wesentlichen < 3 % und erreichen nicht mehr als 5 %. Die Tachographenaufzeichnungen können somit bei der Ermittlung der fahrdynamischen Größen von Schürfwagenarbeitsspielen zugrunde gelegt werden. Außerdem läßt die Abbildung 43b die guten Auswertmöglichkeiten erkennen.

7.41 Der Lade-Vorgang

Der Belade-Vorgang bei der Raupe war ohne Schubhilfe möglich. Allerdings mußte der im trockenen Zustand sehr harte Boden teilweise aufgerissen werden. Hierbei leistete das Planierschild wertvolle Dienste. Infolge der großen Rolligkeit des Bodens wurde die Kübelfüllung schwierig (teilweise 60 %). Außerdem betrug der Schlupf, der nur beim Schürfen auftrat, bis zu 15 %. Trotzdem lag die mittlere Schürfzeit bei 0,93 min $\pm$ 9 % auf einem mittleren Weg von 29 m.

7.42 Der Bodentransport

Beim Transport erlaubten die infolge des harten Bodens auftretenden Schwingungen der beladenen und leeren Schürfraupe unter anderem nur Fahrten im II. Gang. Die Rastergashebelstellung ließ Halb- und Vollgas zu; gefahren wurde bei Vollgas.

Die praktisch erreichten Geschwindigkeiten betrugen i.M. für die Fahrt:

Gang	I	II	III	I	II	III
km/h	2,10	4,15	7,7	2,6	5,5	9,7
% der maximalen Gang-Geschwindigkeit	90	95	96	90	95	96

7.43 Der Bodeneinbau

Beim Einbau des Bodens in Lagen erfolgte während der Kübelentleerung (s. auch Abb. 43b) keine Geschwindigkeitsänderung. Bei der Kopfschüttung lag häufig, wie die Abbildung 44 zeigt, ein Teil der Kübelfüllung am Kippenrand, so daß eine Nacharbeit mit dem Brustschild erforderlich war. Die verlangte 95 %-ige einfache Proctordichte wurde erreicht und teilweise überschritten. Während die Kippzeit bei der Lagenschüttung uninteressant ist, muß sie bei der Kopfschüttung i.M. mit 0,21 min im Grundzeitdiagramm berücksichtigt werden.

Abbildung 44
Rückstand nach der Kopfschüttung einer Schürfraupe

7.5 Das Gesamtarbeitsspiel

7.51 Die konstante Zeit (t_k)

Als konstante Zeiten (t_k) sind beim normalen Arbeitsspiel der Raupe als Schürfgerät neben den Beschleunigungsanteilen und der Schürfzeit die Stillstandszeiten an den Umkehrpunkten sowie bei der Kopfschüttung die Kippzeit in Ansatz zu bringen. Sie betragen somit, wenn die gemessene Stillstandszeit im Mittel mit je 2,5 s angesetzt wird:

t_k (s) = 2 · 2,5 + 56 + Beschleunigungsanteil

7.52 Die variable Zeit (t_v)

Die variable Zeit (t_v) wird durch die mittlere Geschwindigkeit (V_m) und die Förderweite bestimmt. Dabei ist V_m:

Gangwahl	I/I	I/II	I/III	II/I	II/II	II/III	III/II	III/III
V_m (m/s)	0,64	0,89	1,04	0,85	1,35	1,73	1,77	2,42
km/h	2,3	3,2	3,74	3,06	4,65	6,3	6,7	8,72

7.6 Das Grundzeitdiagramm und die theoretische Fördermenge/h

Die erhaltenen Werte ermöglichen die Aufstellung des folgenden Grundzeitdiagrammes. Dabei sind die Beschleunigungsanteile der Vergleichsmessung einer gleich starken Raupe entnommen. Die theoretische Fördermenge ist nach 5.52:

$$L = \frac{60 \cdot V_m \cdot J}{t_{k_1} \cdot V_m + s},$$

wobei im Gegensatz zu den Ausführungen beim Tournadozer für J der Kübelinhalt der Schürfraupe einzusetzen ist. Bezogen auf den gewachsenen Boden betrug er i.M. 5,0 m^3.

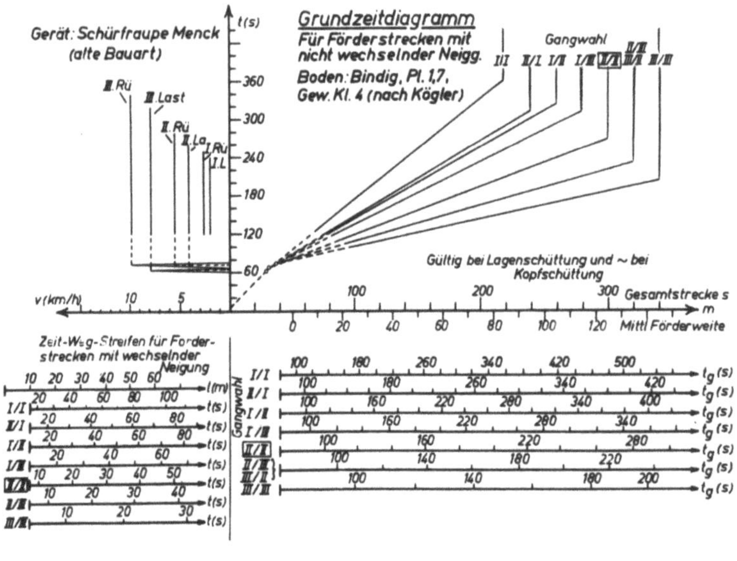

Abbildung 45

Grundzeitdiagramm - Schürfraupe

Interessant ist die außerordentlich gute Übereinstimmung des aus den Untersuchungsergebnissen aufgestellten Nomogramms für die theoretische Bodenförderung je 60-Minuten-Stunde mit den 1950 von CORDES [28] praktisch festgestellten Werten, wie aus der Abbildung 46 hervorgeht.

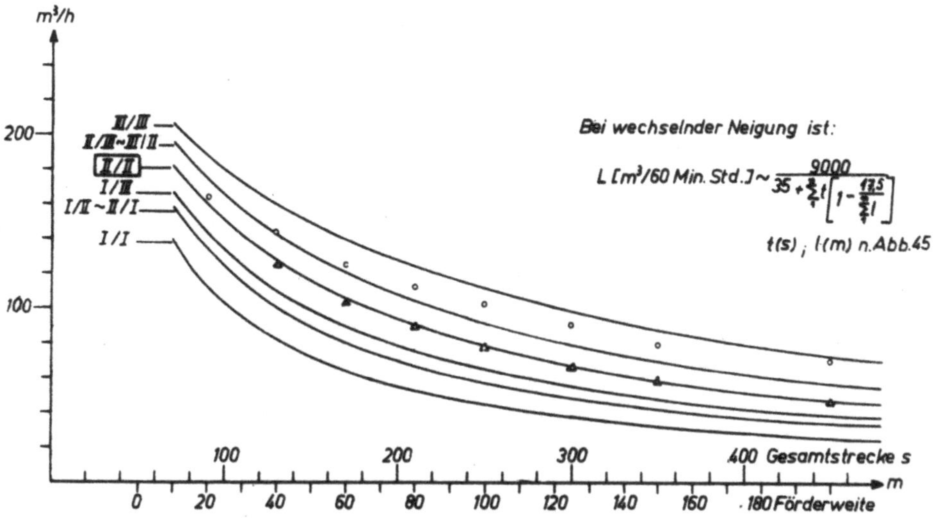

A b b i l d u n g 46

Theoretische Bodenförderung - Schürfraupe

Bei Förderstrecken mit wechselndem Gesamtfahrwiderstand muß die theoretische Bodenförderung von Fall zu Fall ermittelt werden. Die Gleichung (nach 2.6)

$$L = \frac{60\ (\text{min})}{t_g\ (\text{min})} \cdot J\ (m^3) \sim \frac{60 \cdot J}{t_k^{*} + \frac{1}{V_m}\left(\Sigma\ s - s_k^{*} \right)}$$

ergibt bei der Schürfraupe mit genügender Genauigkeit

$$L \sim \frac{60 \cdot 60 \cdot 5{,}0}{70 + \sum_1^n \frac{t}{l}\left(2 \sum_1^n l - 35\right)} = \frac{18000}{70 + 2 \sum_1^n t\left[1 - \frac{17{,}5}{\sum_1^n l}\right]}$$

$$L \sim \frac{9000}{35 + \sum_1^n t\left[1 - \frac{17{,}5}{\sum_1^n l}\right]} \qquad [m^3/h\ \ (60\ \text{min})]$$

In diese Gleichung sind für t_k^* und s_k^* Mittelwerte (s. Abb. 17) eingesetzt. Der max. Fehler übersteigt praktisch 5 % nicht.

8. Die Untersuchung der Anhänge-Schürfwagen

8.1 Untersuchte Bauarten und ihre technischen Daten

Beim Einsatz von angehängten Schürfwagen ist die theoretische Förderung außer vom jeweiligen Einfluß der Betriebswerte von Zugmaschine und Schürfkübel auch von ihrer Zusammenstellung abhängig. Deshalb wurden unter möglichst gleichen Baustellenverhältnissen folgende Kombinationen untersucht:

Zugmaschine Typ	Motorleistung PS	Schürfkübel Typ	Fassungsvermögen in m^3 gestrichen	Fassungsvermögen in m^3 gehäuft	Bemerkungen
K 90	90	Frisch	4,5	5,5	
K 90	90	Frisch	6,0	7,0	Auf Sandboden
D 8	130	Le Tourneau	8,2	10,3	
K 90	90	Frisch	6,0	7,0	Auf bindigem Boden
D 7	80	Cat.Nr. 70	6,7	8,4	

(weitere technische Daten sind in Tabelle 6 zusammengestellt)

8.2 Die Beschreibung der untersuchten Baustelle

Zweckmäßige Untersuchungsstellen ergaben sich durch die Abraumbeseitigung, wie sie die Baustellenskizze (S. 84) im Prinzip zeigt. Die Deckschichten bestanden fast ausschließlich aus Sandböden mit etwa gleichem Ungleichförmigkeitsgrad, nämlich 4 - 8. Nur die Versuchsmessungen an dem Caterpillarschürfzug wurden auf einer Flugplatzbaustelle mit Tonboden durchgeführt. Der Vorteil einer Kippe beiderseits der Schürfstelle war hier im Gegensatz zu den Abraumeinsätzen nicht gegeben. Dagegen waren die Steigungen geringer, denn es waren zur Schaffung des großflächigen horizontalen Ausbauplanums nur unbedeutende Abtragungen und Anschüttungen erforderlich.

T a b e l l e 6

Technische Daten von Anhängeschürfwagen

Firma			Frisch	Frisch	Caterpillar	Le Tourneau
Type			M 4,5	M 6	Nr. 70	E 16
Anzahl der Achsen			2	2	2	2
Kübelinhalt gestrichen		m^3	4,5	6,0	6,7	8,2
Kübelinhalt gehäuft		m^3	5,5	7,0	8,4	10,3
Leistung der Zugmaschine		PS	Hanomag	Hanomag	D 7	D 8
			90	90	83	144
Max. Geschwindigkeit vorwärts		km/h	9,7	9,7	9,7	7,7
Max. Geschwindigkeit rückwärts		km/h	9,1	9,1	8,7	6,0
Schürfbreite		mm	2190	2490	2600	2600
Bereifung			16,00-24 EM	vorne 16,00	vorne 16,00-24	v. 16,00-20
					hinten 21,00-24	h. 21,00-25
Gewicht		t	6	7,6	8,5	8,9
Abmessungen	Länge	mm	8150	8585	9500	900
	Breite	mm	2544	2882	3200	3500
	Höhe	mm	2470	2500	2600	2600

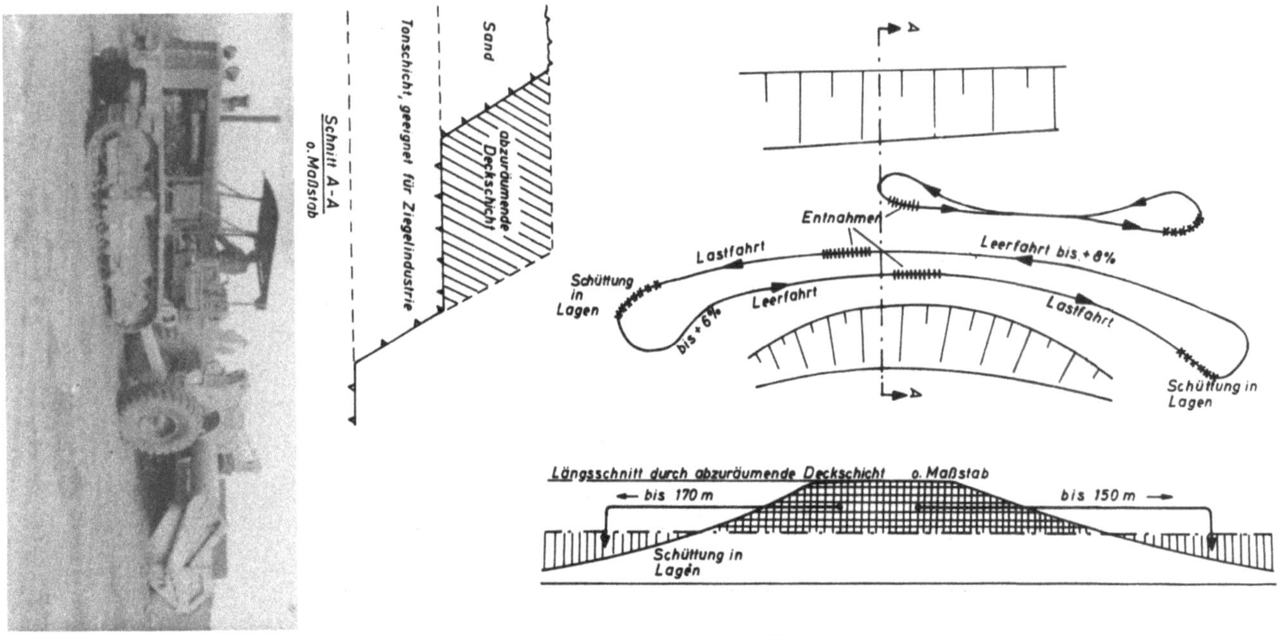

Baustellenskizze 3

Skizzenhafte Darstellung der Arbeitsweise bei der Abraumbeseitigung auf den Untersuchungsbaustellen

Geräte: Anhängeschürfwagen

8.3 Versuchsanordnung und -durchführung

Die für die Untersuchung des Tournadozers entwickelte Meßeinrichtung konnte im wesentlichen übernommen werden (siehe 5.3). Da jedoch die Räder des angehängten Schürfwagens nicht angetrieben sind, konnte auf die Verwendung des 2. Meßrades und des Ausgleichgetriebes verzichtet werden.

Bei den 4 untersuchten Bauarten unterschieden sich die Meßeinrichtungen nur durch ihre Anbringevorrichtungen. Im übrigen rollte das Meßrad jeweils auf einem hinteren Laufrad des Schürfkübels ab. Neben den Registrierungen durch Tachograph, Adapter 1 : 5 und 1 : 6, und Voltmeter wurden mit der Arbeitsschauuhr von Poppelreuter sowie mit einer Stoppuhr die Schaltzeiten festgehalten. Um ferner ein Maß für die Größenordnung des Schlupfes zwischen Raupenkette und Boden zu erhalten, war es notwendig, die Differenz zwischen der tatsächlich zurückgelegten Schürfstrecke und dem Weg der Raupenkette während der Schürfzeit zu ermitteln. Die beiden hierfür erforderlichen Wegstrecken wurden durch die Anzahl der Umdrehungen des Meßrades einerseits und der Raupenkette andererseits bestimmt.

Mit dem Gefällmesser von Möller ergaben sich wie üblich die geschätzten Steigungen. Außerdem wurden jeweils nach einer größeren Anzahl von Arbeitsspielen Flächen-Nivellements (10 m Rost) durchgeführt, um dadurch eine Möglichkeit zur Errechnung der mittleren Kübelfüllung zu erhalten. Weiterhin erfolgte eine Erfassung der betriebstechnischen Werte.

8.4 Ergebnisse der Auswertung und Hinweise zur Verbesserung des Arbeitsablaufes

Allgemein ist zu bemerken, daß Aufzeichnungen mit der Arbeitsschauuhr von Poppelreuter wegen der fehlenden Geschwindigkeits- bzw. Weg-Angaben genau so wenig befriedigen wie Stoppuhrmessungen. Dagegen hat sich die primitive Schlupfermittlung als genügend genau erwiesen.

Von einer Feststellung des Brennstoffverbrauches der Schürfkübelzugmaschinen (Planierraupen) in Abhängigkeit vom Arbeitsspiel konnte abgesehen werden, weil die Ergebnisse ähnlicher Messungen bereits in den unter 5.52 erwähnten Arbeiten angeführt sind.

8.41 Der Ladevorgang bei angehängten Schürfwagen

Bei der auf den Abraumarbeitsstellen vorherrschenden geringen Lagerungsdichte des Sandes, und einem Ungleichsförmigkeitsgrad von insgesamt 4 - 8, verzögerte sich der Ladevorgang erheblich. Jedoch konnte durch fortwährendes Pumpen, d.i. ein Anheben und Absenken des Kübels beim Schürfen in zeitlicher Folge, die Ladezeit nicht nur verkürzt werden, sondern es ergab sich dadurch auch eine bessere Kübelfüllung. Dabei wurde auf eine ständig straffe Führung des Kübelhubseiles geachtet, weil hieran sonst ein erheblicher Verschleiß eingetreten wäre.

Die Abbildung 47 zeigt unter- bzw. nebeneinander die zu beachtende Seilstelle, die Bodenwelle nach dem Schürfen (Latte 3 m) und die zeitlichen Folgen des Pumpens, die durch die beim Absenken des Kübels bis zur Höchstgrenze ansteigenden Motorbelastung bestimmt wird. Durch diese Arbeitsweise wird beim Absenken des Kübels jeweils ein Teil des sich vor der Kübelöffnung herschiebenden und anhäufenden Materials in den Kübel hineindrückt. Der nach dem endgültigen Anheben verbleibende Rückstand (Abb. 48) ist nicht zu vermeiden. Er häuft sich besonders beim Schürfen unter Ausnutzung des Gefälles am Hangende an und behindert die weitere Arbeit.

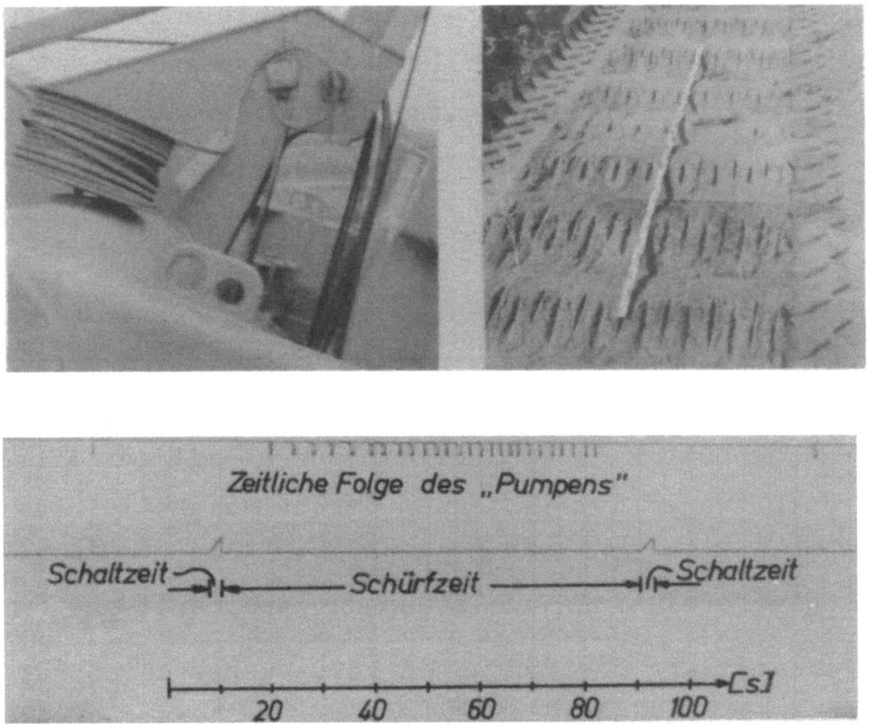

A b b i l d u n g 47

Schürfvorgang bei Sandboden

Gerät: Anhängeschürfwagen

Über weitere Zusammenhänge wird in einer noch nicht veröffentlichten Arbeit des Institutes für Baumaschinen der Technischen Hochschule Aachen (DREES [30], Dissertation) berichtet.

Beim Schürfen bindiger Böden traten abgesehen von den Witterungseinflüssen Schwierigkeiten nicht auf. Allerdings war bei dem auf der Flugplatzbaustelle anstehenden harten Boden bzw. faulen Fels meist eine Schubraupe erforderlich.

Im übrigen ergab die Auswertung der Baustellenergebnisse folgende Schürfstrecken und -zeiten (s. Tab. 7, S. 88).

Die sehr unterschiedlichen Arbeitsweisen beim Schürfen von kohäsionslosen und bindigen Böden zeigt sich besonders durch die Gegenüberstellung entsprechender Diagramme. So ist z.B. auf der Abbildung 49 (oben) sehr deutlich der Pumpvorgang beim Schürfen von Sandboden zu erkennen, während bei bindigen Böden nach der mittleren Darstellung der Abbildung 49 der Schürfvorgang mit fast konstanter Geschwindigkeit möglich ist. Der Einsatz einer Schubraupe ist abgesehen von Fällen, wo die Bodenbeschaffenheit ihn erfordert, nicht unbedingt wirtschaftlich. Die

a) Material vor dem Kübel

b) Rückstand nach dem Anheben

Abbildung 48

reine Schürfzeit wird durch ihre Unterstützung zwar geringer, aber das zusätzliche Warten des Schürfzuges auf die Schubraupe infolge ihrer Anfahrt läßt häufig insgesamt doch keinen Zeitgewinn zu, wie die typische Darstellung auf Abbildung 49 (unten) zeigt. Diese und das Diagramm darüber sind hintereinander mit demselben Schürfzug (Cat.) bei gleichen Bodenverhältnissen aufgenommen worden.

Bei einem nicht mit Fels durchsetzten derartigen Boden hängt somit der wirtschaftliche Einsatz einer Schubraupe von der erzielten Kübel-

T a b e l l e 7

Die Schürfzeiten und Schürfstrecken der Anhängeschürfwagen

Fabrikat				Bodenbezeichnung						
Raupe	Leistung PS	Kübel	Fassungs-vermögen m^3	n.KÖGLER Ges.Kl.	n.CASA-grande	Schürf-zeit s	Schürf-strecke m	Schlupf %	Gefälle %	Bemerkungen
K 90	90	Frisch	4,5	II	Sand U = 4,0	88 $+5^x$	48	20	-	^{x}Schalt-zeit
K 90	90	Frisch	6,0	II	Sand U = 4,4	113 + 5^x	55	22	2	
D 8	130	Le Tourneau		II	Sand U = 8	87 $+5^x$	43	26	-	
D 7^{xx}	80	Caterpillar	6,7	IV - V	Schluff-ton Pl. = 9	117 $+4^x$	45	-	-	^{xx}mit Schubraupe
K 90	90	Frisch	6,0	III -IV	weicher Lehm	109 +5	51	15	2	

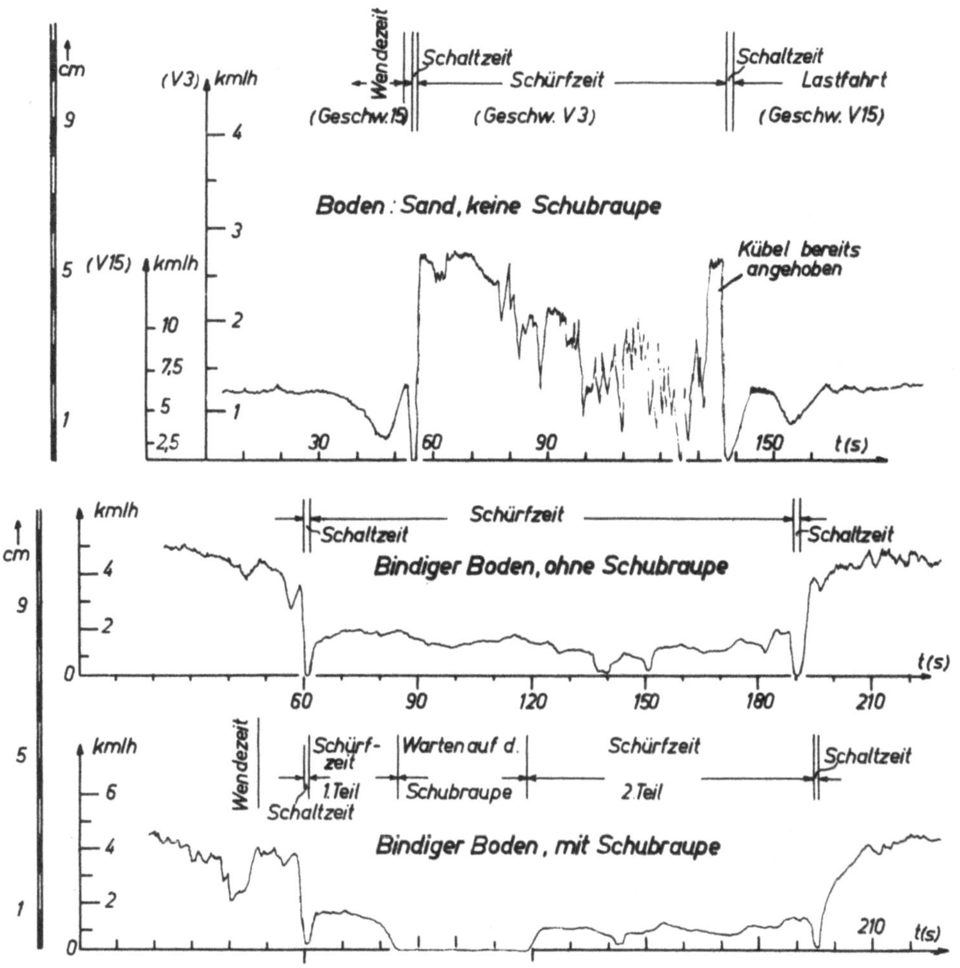

Abbildung 49

Der Schürfvorgang bei von Raupenschleppern gezogenen Schürfkübelwagen und sandigem bzw. bindigem Boden

füllung ab. Sie kann nach KÜHN [8] durch eine Schubraupe unter Umständen bis zu 20 % verbessert werden. Diese Angabe hat sich augenscheinlich bestätigt.

8.42 Der Bodentransport mit angehängten Schürfwagen

Auffallend waren bei der Transport- und Leerfahrt die geringen Arbeitsgeschwindigkeiten, die aus den Abbildungen 50 und 51 (S.91 und 92) ersichtlich sind. Sie unterscheiden sich außerdem trotz größerer Gefälle in Förderrichtung nur unwesentlich, weil die Zugkräfte beim Fahren in den niedrigen Gängen nicht ausgenutzt wurden. Andererseits aber waren - wie bei der Schürfraupe - Fahrten in den oberen Gängen wegen der auftretenden Schwingungen nicht möglich. Nach Angaben der Fahrer würde dann auch der Laufwerksverschleiß größer. Dazu muß allerdings bemerkt werden, daß dem höheren Verschleiß eine ganz beträchtliche Mehrförderung gegenüberstehen würde (s. Abb. 53a). Eine höhere Abnutzung allein ist daher nicht unbedingt ein Grund für die Fahrt in niedrigen Gängen. Über die erreichten mittleren Geschwindigkeiten gibt die nachfolgende Tabelle Aufschluß. Sie läßt das Verhältnis der mittleren zur maximalen Ganggeschwindigkeit erkennen und dadurch für andere Raupenbauarten mit genügender Sicherheit den Schluß zu, daß die mittlere Ganggeschwindigkeit $\geq 90\ \%$ der maximalen sein wird.

T a b e l l e 7a

Fabrikat				Mittlere Geschwindigkeiten (% d.max.Ganggeschwindigkeit)				
Raupe	Leistung PS	Kübel	Fassungsvermögen m^3	I	II	III	IV	V
K 90	90	Frisch	4,5	2,3 (92)	3,4 (92)	4,4 (95)	6,2 (95)	9,3 (96)
K 90	90	Frisch	6,0	2,3 (92)	3,4 (92)	4,4 (95)	6,3 (97)	9,3 (96)
D 8	130	Le Tourneau	-	2,5 (92)	3,3 (90)	4,0 (90)	5,68 (96)	7,3 (95)
D 7	80	Caterpillar	6,7	2,7 (90)	3,3 (93)	4,9 (95)	7,0 (96)	9,3 (96)

Die Gleichmäßigkeit der Arbeitsspiele ist bei der Verwendung von Raupen als Zugmaschinen besonders ausgeprägt, wie z.B. die Abbildung 50 (S. 91) erkennen läßt. Diese Abbildung zeigt aber auch, wie gering der Einfluß der bereits erwähnten Steigungen auf die Geschwindigkeiten ist. Untereinander sind die Tachographendiagramme bei Verwendung von 24 min-, 3- und 12-Stunden-Uhrwerken dargestellt, wobei beim unteren Diagramm das Gefälle in Förderrichtung bis 12 % betrug. Dabei wurde die max. Ganggeschwindigkeit leicht überschritten. Insgesamt weichen die Geschwindigkeiten jedoch kaum mehr als 10 % voneinander ab.

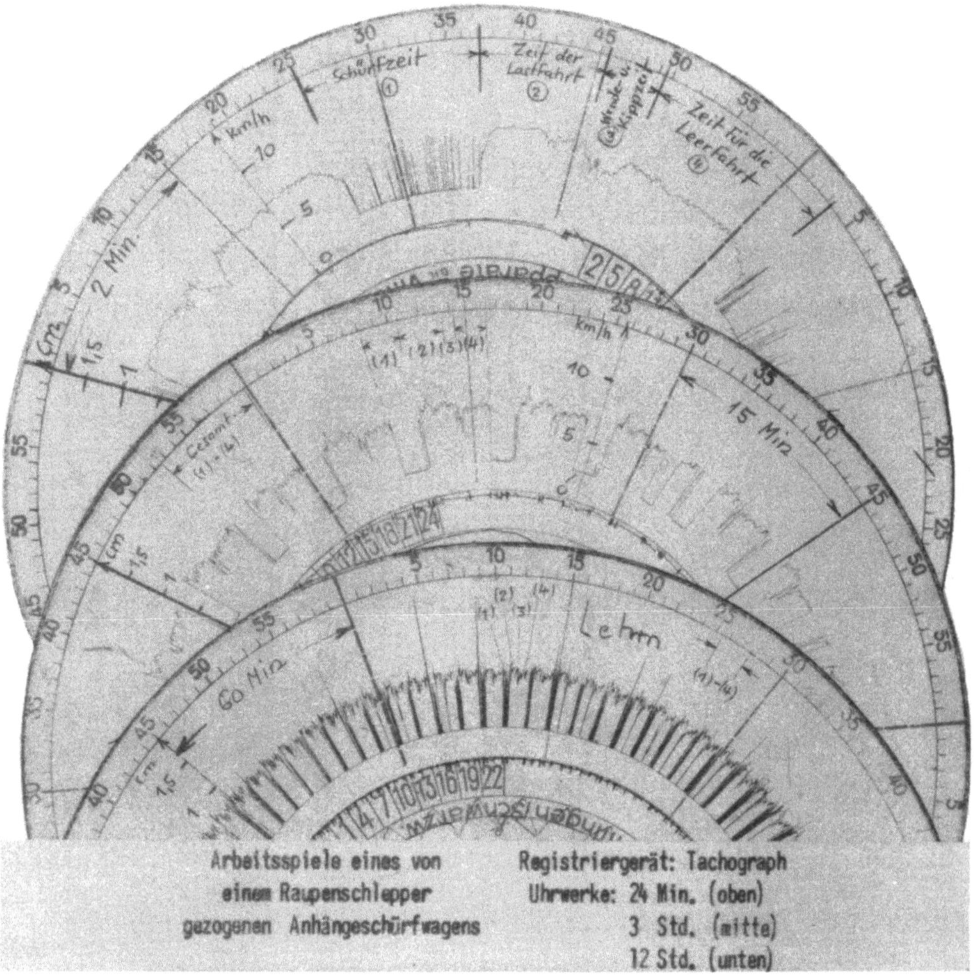

A b b i l d u n g 50
Arbeitsspiele - Anhängeschürfwagen
(Tachograph)

8.43 Der Bodeneinbau mit angehängten Schürfwagen

Der Einbau des Bodens kann bei Schürfwagen mit Vorderentleerung außer bei der Schürfraupe Menck nur in Lagen erfolgen, so daß der Kübel beim Entleeren über den frisch geschütteten Boden gezogen werden muß. Somit ist durch die Bodenfreiheit des Kübels die Lagenhöhe gegeben.

Auf allen Untersuchungsbaustellen schüttete man das Fördergut in dünneren Lagen, um so eine bessere Verdichtung zu erreichen. Auch wählte man im Vergleich zur Schürfstelle einen größeren Wenderadius. Die Kippe wäre sonst nämlich ständig wieder aufgewühlt worden.

Während der Entleerung erfolgte eine auffallende Verringerung der Fahrgeschwindigkeiten der Schürfzüge im allgemeinen nicht. Nur beim Schütten am Kippenrand fuhr man im 1. Gang, um bei einem eventuellen Abrutschen sofort die maximale Zugkraft zur Verfügung zu haben.

8.5 Die Gesamtarbeitsspiele

Zum Vergleich der Gesamtarbeitsspiele auf sandigen und bindigen Böden werden zwei Diagramme ausgewählt, die bei etwa gleichen Transportentfernungen und größenähnlichen Schürfzügen ermittelt worden sind (Abb. 51).

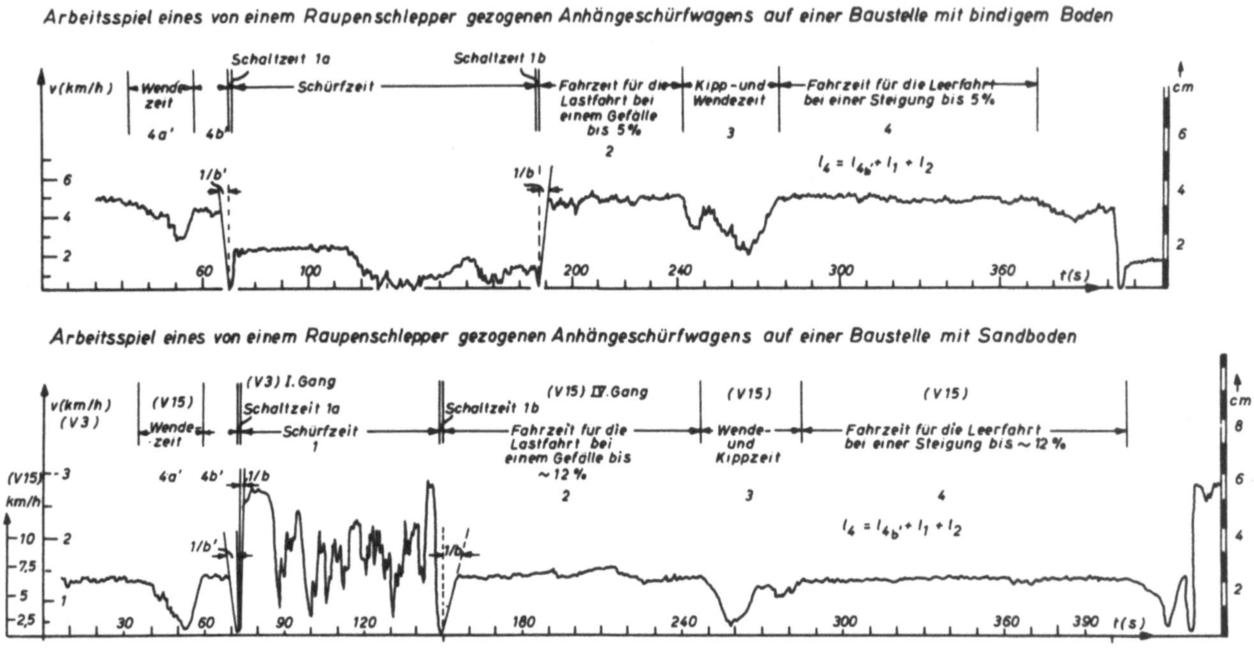

Abbildung 51
Gesamtarbeitsspiele von Anhängeschürfwagen auf
Sand und bindigem Boden

Erwartungsgemäß unterscheiden sich die Arbeitsspiele nur durch den Schürfvorgang, der bereits in Verbindung mit Abbildung 49 (S. 89) näher beschrieben ist. Die Darstellung der Abbildung 51 läßt außerdem die Möglichkeit der Teilzeitermittlungen und deren Genauigkeit erkennen. Ebenso ist der geringe Einfluß der Steigungen ersichtlich.

8.51 Die konstanten Zeiten (t_k)

Die Summe der konstanten Zeiten t_k besteht beim normalen Arbeitsspiel des Schürfzuges aus den Zeiten für das Laden einschließlich Schalten, das Entleeren und Wenden auf der Einbaustelle, das Wenden an der Schürfstelle und aus den Beschleunigungsanteilen nach 2.4. Sie sind für die untersuchten Bauarten an Hand der Baustellenwerte festgestellt worden. Ihre Mittelwerte gibt die folgende Tabelle (S. 94) an.

8.52 Die variablen Zeiten (t_v)

Die variablen Zeiten sind von der Förderstrecke linear abhängig, wenn die Beschleunigung = 0, d.h. die Geschwindigkeit konstant ist. Dies ist nach Abbildung 51 (S. 92) während des Transport- und Rückweges bis auf Anfang und Ende sowie Entleerung der Fall, so daß die unter 8.42 erhaltenen Werte bei der Aufstellung des Grundzeitdiagrammes zugrunde gelegt werden können.

F a b r i k a t								
Raupe	Leistung PS	Kübel	J = m^3		Laden s	Schalten s	Entleeren und Wenden s	Wenden an der Schürfstelle s
K 90	90	Frisch	4,5	Sand = 4	88	5	38	23
K 90	90	Frisch	6,0	Sand U = 4,4	113	5	40	23
D 8	130	Le Tourneau	8,2	Sand U = 8	87	5	41	29
K 90	90	Frisch	6,0	Lehm/Gew.Kl.III/IV	109	5	40	23
D 7	90	Caterpillar	6,7	Ton IV/V	117	4	43	27

8.6 Die Grundzeitdiagramme und die theoretischen Fördermengen/h

Eine Probe für die Grundzeitdiagramme, die für die untersuchten Bauarten in der Abbildung 52a - d dargestellt sind, ergibt sich an Hand der Tachographendiagramme. So beträgt z.B. auf der Scheibe A (Abb. 52) bei 43 Arbeitsspielen die Umlaufstrecke s = 21 · 5/6 = 17,5 km. Mit dem zugehörigen Zeitabschnitt von 230 min ergibt sich je Arbeitsspiel s = 406 m; t = 321 s. Das Diagramm, Abbildung 53c, zeigt dagegen für s = 406 m eine Grundzeit von 317 s.

Aus der Scheibe B der Abbildung 52 (andere Firma, andere Baustelle, gleiche Gerätekombination, ähnlicher Boden) folgt bei 31 Arbeitsspielen

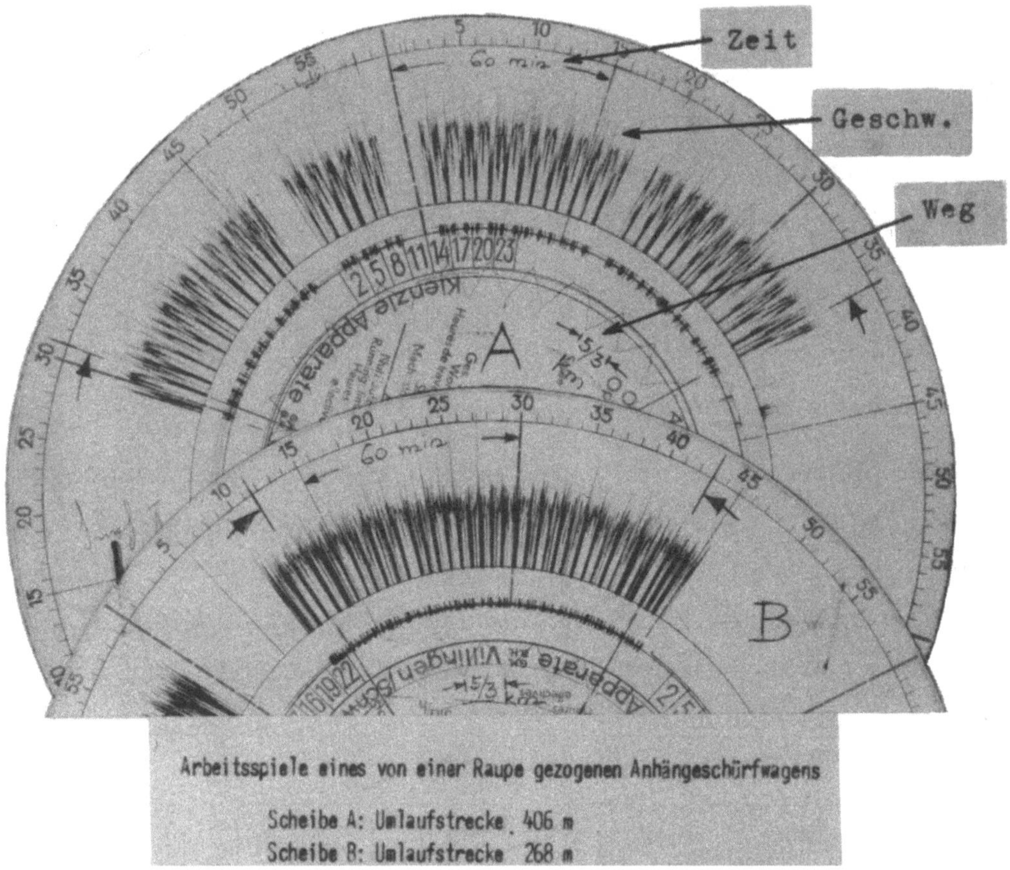

A b b i l d u n g 52

$10 \cdot \frac{5}{6} = 8{,}34$ km; 126 min, je Spiel also 268 m und 243 s. Verglichen mit der Diagrammangabe (Abb. 53c von 248 s für 268 m Umlaufstrecke) zeigen sich Fehler von $< 3\,\%$.

Die den Beispielen zugrunde liegende Fahrt im V/V Gang ist allerdings, wie bereits unter 8.42 erwähnt, nur bei sehr günstigen Baustellenverhältnissen möglich. Aus den Abbildungen 53a - c geht bei Betrachtung der Arbeitsgänge und der Tabelle 7a hervor, daß die normalen Arbeitsgeschwindigkeiten zwischen 5 und 7 km/h schwanken (Abb. 53a - d, s. S. 95 und 96).

Den Kalkulationen liegen im allgemeinen die theoretischen Fördermengen je 60 min/h zugrunde. Sie wurden für die häufig vorkommenden Gangwahlen mit Hilfe der unter 5.52 angeführten Gleichung

$$L\ (m^3/h) = \frac{3600 \cdot V_m\ (m/s)}{t_{k_1}(s) \cdot V_m(m/s) + s\ (m)} \cdot J\ (m^3)$$

tabellarisch ermittelt und in der Abbildung 54a - d wiedergegeben.

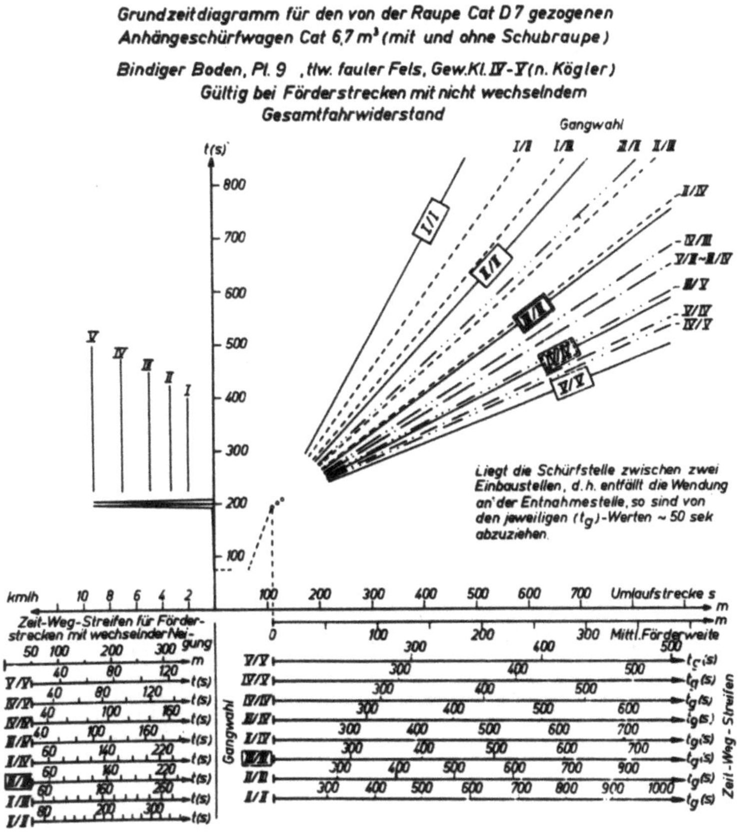

A b b i l d u n g 53a

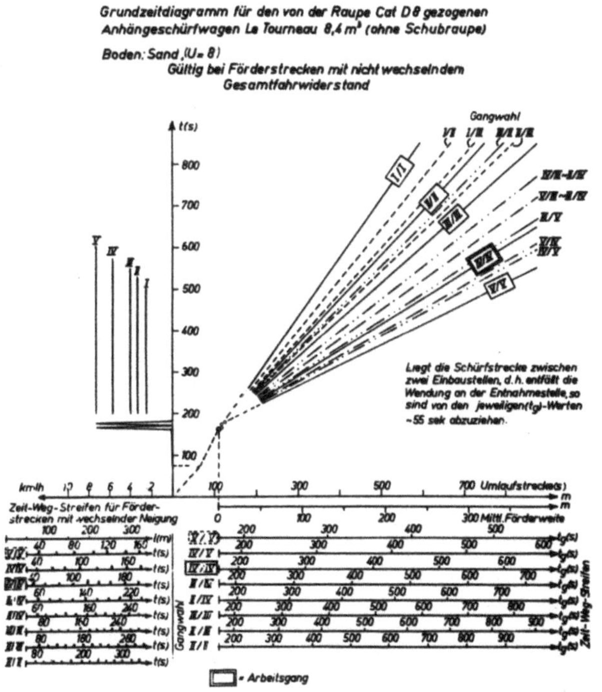

A b b i l d u n g 53b

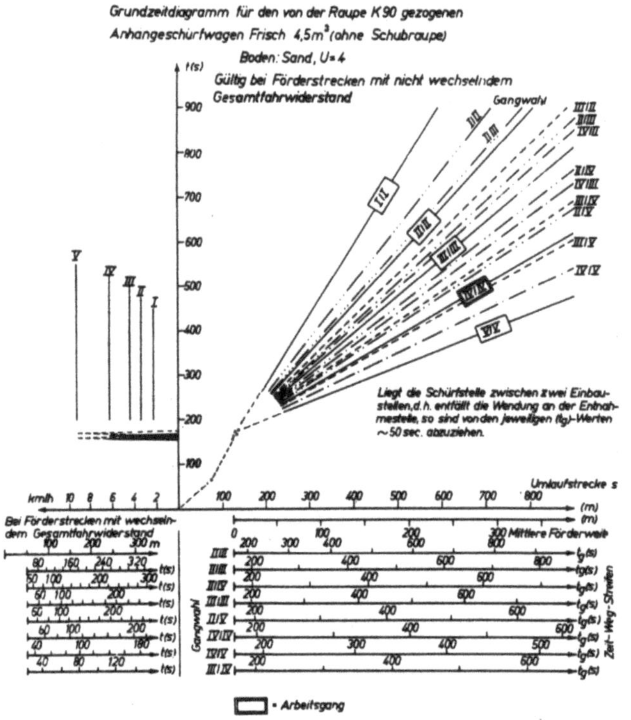

A b b i l d u n g 53c

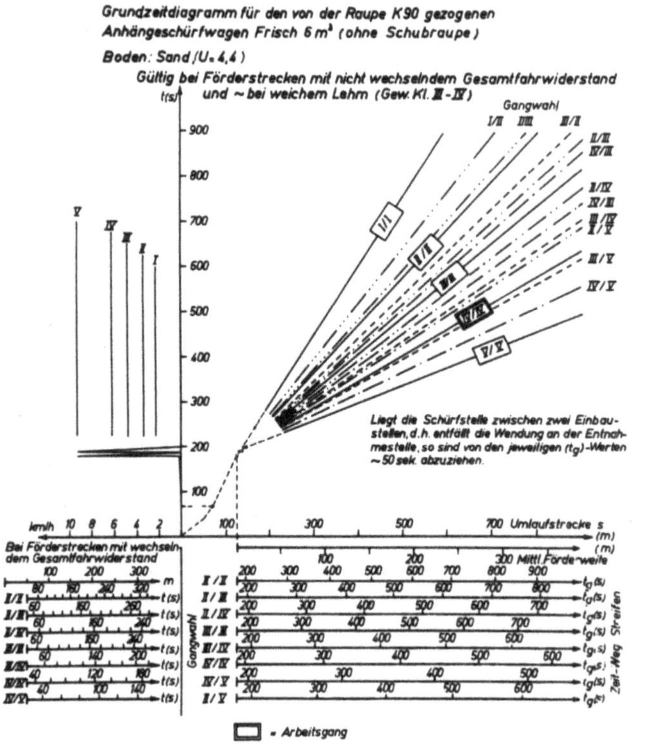

A b b i l d u n g 53d

Um den Kübelinhalt in m^3 (fest) zu erhalten, wurden die durch Nivellements ermittelten abgetragenen Massen durch die Anzahl der Arbeitsspiele dividiert. Es zeigte sich eine gute Übereinstimmung mit den Literaturangaben bezüglich der Auflockerung und Kübelfüllung. Im Mittel war, z.B. bei Sandboden mittlerer Feuchtigkeit, der Kübel zu ungefähr 92 % gefüllt. Die Bodenauflockerung betrug ~ 15 %.

Die Abhängigkeit der stündlichen Förderung von der Gangwahl bekräftigt die Darstellung der Abbildung 54b. Es zeigt sich nämlich bei den eingetragenen praktisch erreichten Mittelwerten der Bodenförderung aus den Jahren 1954 und 1955 eine deutliche Zugehörigkeit zu den theoretischen Förderkurven jeweiliger Gangwahlen. Hierbei sind die Baustellenverhältnisse der 55er Werte identisch mit den in der Abbildung angegebenen Voraussetzungen.

Für die Ermittlung der theoretischen Förderung/h bei Transportwegen mit wechselndem Gesamtfahrwiderstand ist die entwickelte Gleichung zugrunde gelegt worden (s. Abb. 54a - d):

8.61 Möglichkeiten zur Erhöhung der Bodenförderung

Wirtschaftlichere Einsatzmöglichkeiten bei angehängten Schürfwagen ergeben sich durch eine gut abgestimmte Gerätewahl. Außerdem ist der wirtschaftliche Geräteeinsatz wesentlich von den Arbeitsmethoden abhängig. So zeigt z.B. Abbildung 54 b, daß im praktischen Betrieb bei Förderweiten bis zu 200 m die Gangwahl II/II vorherrschend war, wenn man von den Fahrten bei nassem Boden absieht. Da sich jedoch gerade in dem Bereich von 100 bis 300 m Förderweite die nächsthöhere Gangwahl besonders günstig auf die Förderung auswirkt (teilweise bis 10 m^3/h), sollte man eine Fahrt in den in Abbildung 54 a - d bezeichneten Arbeitsgängen auch bei kürzeren Förderweiten unbedingt anstreben. Eine evtl. erforderliche Fahrbahnpflege lohnt sich bei einer derartigen Mehrförderung immer.

Beim Schürfen von Sandboden kann sich die Verwendung einer Raupe als Zugmaschine insofern nachteilig auswirken, als ein Gangwechsel praktisch immer nur im Stillstand des Gerätes möglich ist. Der Schürfvorgang

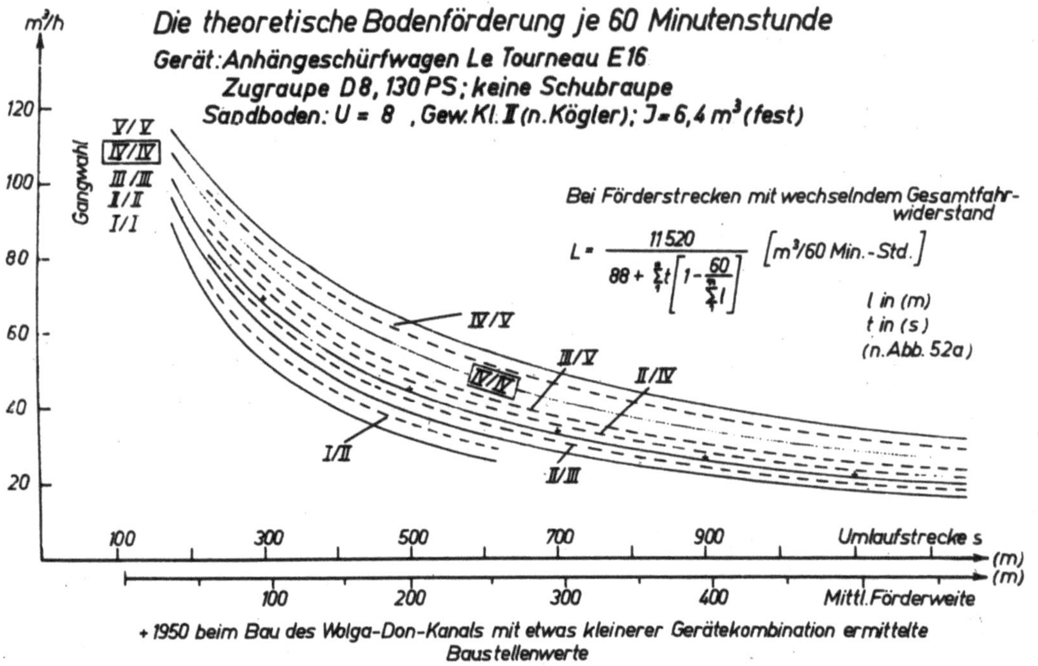

A b b i l d u n g 54a

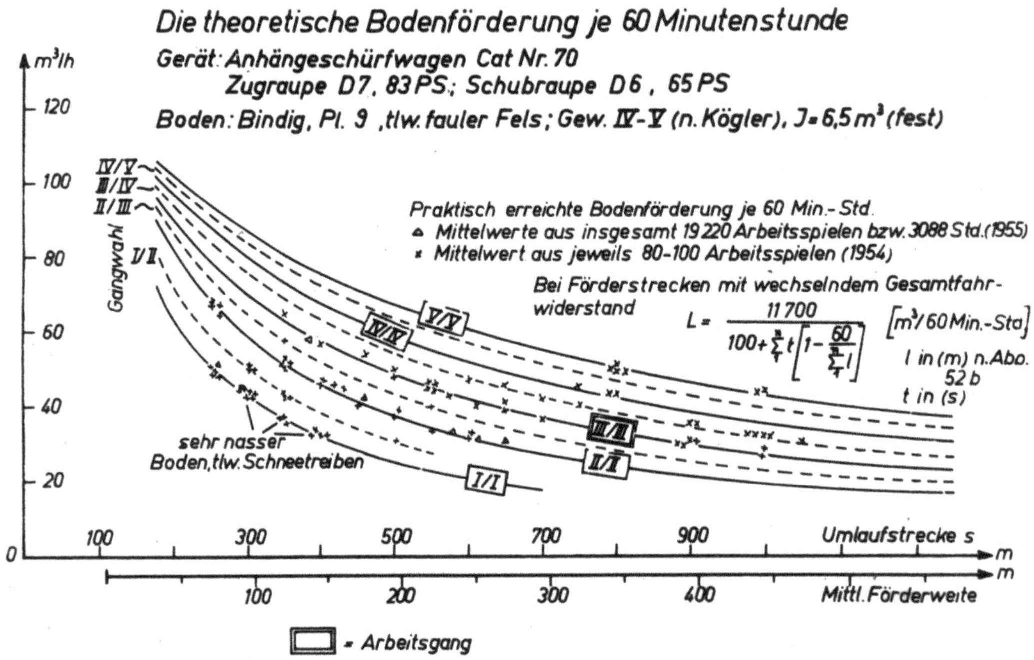

A b b i l d u n g 54b

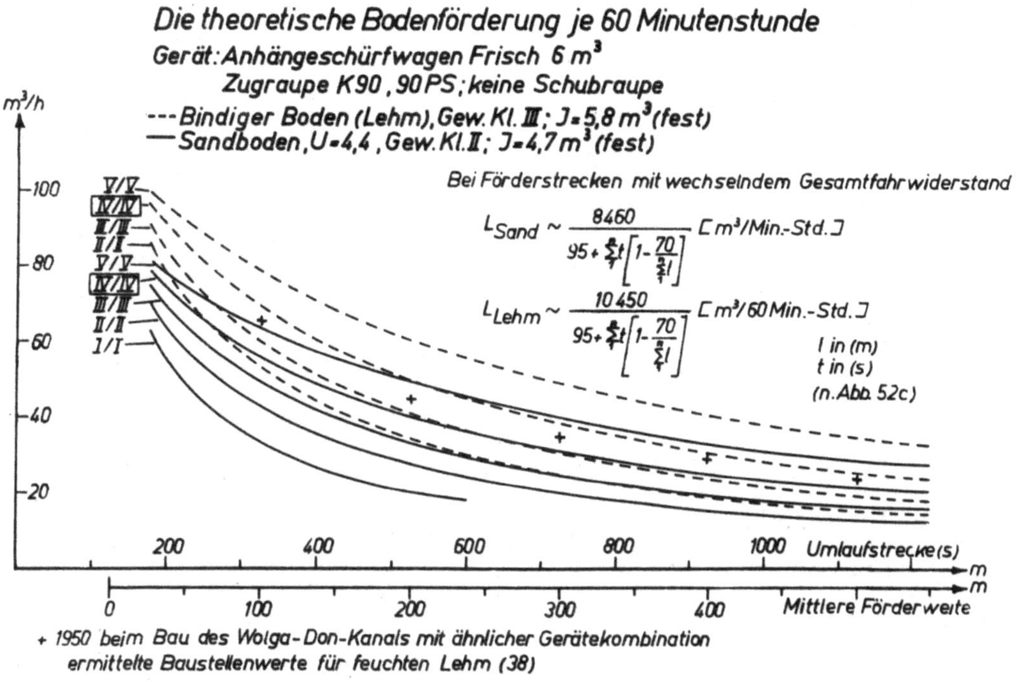

Abbildung 54c

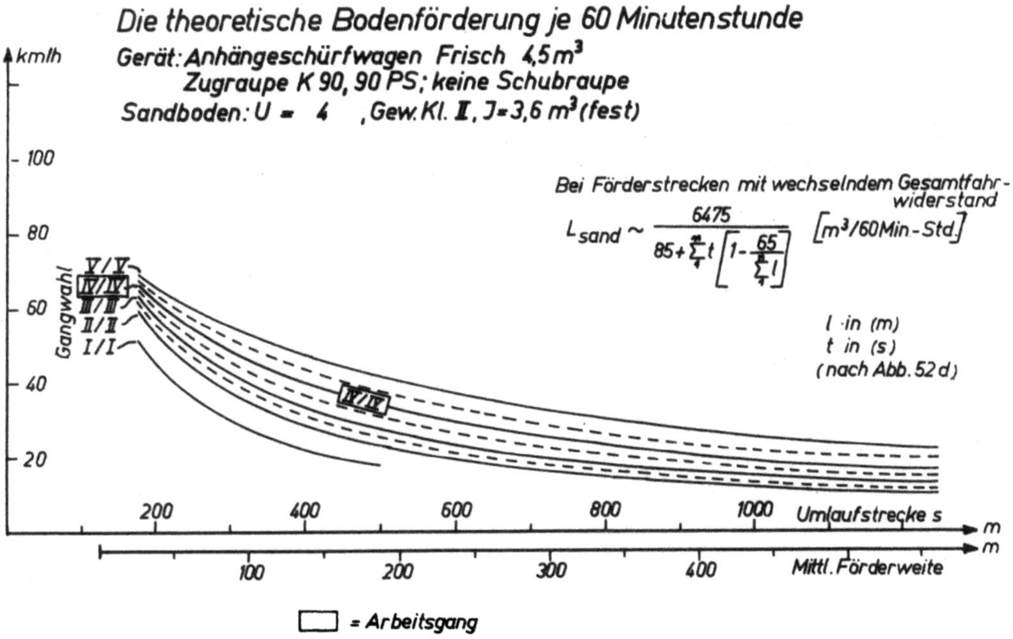

Abbildung 54d

soll aber gerade bei dieser Bodenart besonders zügig eingeleitet werden. Es ist daher i.a. ratsam, den Kübel bereits zum Schluß der Rückfahrt abzusenken. Dadurch kann der Schürfvorgang bei der noch vorhandenen Transportgeschwindigkeit beginnen, so daß während der Zeit bis zum Stillstand des Gerätes sich insbesondere der untere Raum vor der Rückwand des Kübels füllt, bevor der eigentliche Ansatz zum Schürfen erfolgt.

Eine besondere Arbeitsmethode konnte beim Schürfen parallel zum Hang herausgebildet werden. Wenn z.B. vom Auftraggeber wegen der weiteren Arbeiten für die Ton- bzw. Erzgewinnung beim Abbau der Deckschicht eine möglichst steile seitliche Böschung verlangt wird, ist anzustreben, daß die Böschung ihre endgültige Neigung ohne Nacharbeit erhält. Dadurch werden umfangreiche Nacharbeiten vermieden, die sonst ihrer Struktur nach durch Planierraupen zu leisten sind.

Infolge der dabei auftretenden Förderweiten ist zudem bei ihrem Einsatz der Wirkungsgrad gering. Dagegen zeigt die Abbildung 55b eine Böschung, die ihre Neigung gleichzeitig mit dem Arbeitsfortschritt erhalten hat.

A b b i l d u n g 55a/b

Wie allgemein üblich, wurde parallel zur Böschung geschürft. Die Schürfbahnen verlagerten sich dabei durch die Arbeitsfolge von der Böschungskante weg und zu ihr hin. Dabei war zu beachten, daß von Arbeitsbeginn an ständig eine Schürfbahn in ganzer Breite an dem jeweiligen Böschungsfuß vorhanden war. Man hielt sie stets tiefer als die Nebenbahnen, weil sich sonst der Kübel schief gelegt und einseitig gefüllt hätte. Die Kontrolle über die Böschungsneigung wäre außerdem sonst verloren gegangen.

Noch umfangreicher wird die Nacharbeit, wenn ein Gelände abzutragen ist, das seitlich durch eine (abfallende) Böschung begrenzt wird. Da der Schürfzug wegen der Absturzgefahr nur in gewissem Abstand parallel zum Böschungsrand fahren kann, werden die Massen des stehenbleibenden Böschungskeils beträchtlich (Abb. 56a). Sie dürfen im allgemeinen nicht über den Böschungsrand auf die Abbausohle gedrückt werden. Wegen der Förderweiten aber würde ihre anderweitige Beseitigung durch die Planierraupen nicht mehr rentabel sein.

A b b i l d u n g 56a - d

Um hier die Nacharbeit zu sparen, wurde entsprechend der Abbildung 56b ein pflugartiges Blech seitlich an dem Schürfwagen befestigt. Dadurch konnte beim Schürfen in der Außenbahn die beim vorherigen Arbeitsgang entstandene Böschung abgebaut und der Boden vor den Kübel geworfen werden (Abb. 56d).

Die Form der Pflugschar müßte man allerdings noch verbessern.

9. Die Untersuchung der Motorschürfwagen

9.1 Untersuchte Bauarten, ihre technischen Daten und Einsatzmöglichkeiten

Motorschürfwagen werden in Deutschland bisher nicht gebaut. Trotzdem ist die Zahl der von deutschen Unternehmern eingesetzten Geräte in den letzten drei Jahren sprunghaft gestiegen, so daß inzwischen Fabrikate aller namhaften amerikanischen Firmen vorhanden sind und folgende Bauarten untersucht werden konnten:

Hersteller	Fabrikat	Motorleistung PS	Fassungsvermögen m^3		max. Geschwindigkeit km/h	kleinerster Wenderadius m
Allis-Chalmers (La Plant Choate) seit 1952 gebaut	TS 200	176	7,6	9,9	34,8	8,0
Le Tourneau	Tournapull C	188	9,3	12,2	52,5	4,6
Caterpillar	DW 21	228	11,5	15,3	32,2	5,3
Allis-Chalmers (La Plant Choate) seit 1952 gebaut	TS 300	284	10,7	13,8	36,2	9,1
Euclid	16 TDT - 23 SH	2 x 193	13,8	18,4	47,6	5,45

(weitere technische Daten sind in Tab. 8 (S. 103) zusammengestellt)

Der Einsatz der Schürfwagen ist besonders dann zu empfehlen, wenn einerseits bestimmte Arbeitsbedingungen vorliegen, wie eine schichtenweise Materialgewinnung, eine kotierte Abtragshöhe oder ein flacher Abtrag an vielen Stellen, und andererseits günstige Ladebedingungen vorhanden sind [29]. Diese liegen u.a. vor beim Lösen von Humus, nicht zu feuchtem Lehm oder Ton und fester Kohle. Ungünstig zu schürfen ist dagegen

Tabelle 8

Technische Daten von Motorschürfwagen

Firma		Euclid	Allis-Chalmers	Allis-Chalmers	Le Tourneau	Caterpillar
Type		15 TDT 23 SH	TS 300	TS 200	Tournapull	DW 21
Dieselmotor	PS	2 x 193	204	165 bzw. 176	168	228
Drehzahl	U/min	1800	2100	1800 bzw. 1400	1800	2000
Geschwindigkeit						
1. Gang vorwärts	km/h	8,9	5,4	4	4,4	3,5
2. Gang vorwärts	km/h	-	11,1	7,0	10,1	6,7
3. Gang vorwärts	km/h	47,6	20,6	14,6	22,9	11,5
4. Gang vorwärts	km/h	-	36,2	25,9	52,5	19,6
5. Gang vorwärts	km/h	-	-	34,8	-	32,2
1. Gang rückwärts	km/h	-	5,6	4	9,6	4,5
2. Gang rückwärts	km/h	-	-	-	22,1	-
Traktor-Lenkachse-Reifen		2(12,00x24) 16 E	-	-	-	-
Traktor-Antriebsachse-Reifen		2(24,00x25)24 E	2(24,00x29)24 E	2(21,00x25)20 E	2(21,00x25)24 E	2(24,00x29)24E
Scraperachse		2(27,00x33)30 E	2(24,00x29)24 E	2(21,00x25)20 E	2(21,00x25)24 E	2(24,00x29)24E
Kleinster Wenderadius	m	5,45	9,1	8,0	4,57	5,3
Schneidbreite des Schürfwagens	mm	3050	2900	2600	2580	2890
Länge der gesamten Einheit	mm	14500	11300	10000	10200	12400
Breite	mm	3500	3520	3300	3300	3500
Höhe	mm	3150	3000	3000	3240	3260
Schneidtiefe	mm	457	250	381	457	nicht begrenzt
Ausschüttiefe	mm	711	508	406	-	405
Bodenfreiheit	mm	304	425	279	418	433
Fassungsvermögen gestrichen	m^3	13,8	10,7	7,6	9,3	11,5
Fassungsvermögen gehäuft	m^3	18,4	13,8	9,9	12,2	15,3
Leergewicht	t	28,3	20,9	17,1	16,3	23,2
Gesamtgewicht	kg/PS	54,4	39,9	31,2	33,5	45,8
Leergewicht je PS	kg/PS	73,3	73,6	103,6 bzw. 97,2	86,7	101,7
Gesamtgewicht je PS	kg/PS	140,9	140,5	188,1 bzw.177,3	178,0	200,0

T a b e l l e 9

Steuerungsorgane von Motorschürfwagen

Frima	Euclid	Allis-Chalmers	Allis-Chalmers	Le Tourneau	Cater-pillar
Type	16 TDT - 23 SH	TS 300	TS 300	E 9 bis E 50	DW 21 mit Nr.21
Kübelinhalt gestrichen voll in m^3	13,7	10,65	7,6	4,5 - 24,3	5,32-11,4
Anzahl der Räder	6	4	4	4	4,4,6,4
Heben und Senken des Schürfkübelbodens	2 einfach wirkende hydraul. Zylinder	Winde mit Seilzug	2 doppelt wirkende hydraul. Zylinder direkt an den Vorderecken des Schürfkübelbodens	Elektr.Seiltrommel, Einzelantrieb mit Seilzug	Winde mit Seilzug
Heben und Senken des Vorderschildes	1 einfach wirkender hydraul. Zylinder mit Seilzug	Winde mit Seilzug	1 einfach wirkender hydraul. Zylinder mit Seilzug	Elektr.Seiltrommel, Einzelantrieb mit Seilzug	Winde mit Seilzug
Steuerung des Ausstoßschildes	1 einfach wirkender hydraul. Zylinder mit Rückholfeder	Winde mit Seilzug	1 doppelt wirkender hydraul. Zylinder	Elektr.Seiltrommel, Einzelantrieb mit Seilzug	Winde mit Seilzug und 4 Rückholfedern
Lenkung	1 doppelt wirkender hydraul. Zylinder	2 doppelt wirkende hydraul. Zylinder	2 doppelt wirkende hydraul. Zylinder	Elektrisch	2 hydraulische Zylinder

schwerer nasser Ton, Sand in lockerer Lagerung, Schiefer und fester Ton, locker gelagerter Kies und Fels.

Die Arbeitsweise der Motorschürfwagen richtet sich in hohem Maße nach der Betätigung der Steuerungsorgane von Schürfkübelboden, Vorderschild, Ausstoßschild und Lenkung. Um die Unterschiede der verschiedenen Konstruktionen zu verdeutlichen, wurden die in diesem Zusammenhang interessierenden Ausführungen in der Tabelle 9 (S. 104) gegenübergestellt.

Besonders fällt dabei die elektrische Betätigung der Steuerungsvorgänge bei dem Fabrikat von Le Tourneau auf.

9.2 Beschreibung der untersuchten Baustellen

Die vielseitigen Einsatzmöglichkeiten der Motorschürfwagen spiegeln sich in der Beschreibung der untersuchten Baustellen wieder. So erfolgte die Untersuchung des Schürfwagens mit zusätzlichem Heckmotor, Fabrikat Euclid, im Verlaufe eines Einsatzes auf einer Flugplatzbaustelle. Im Zuge der Planumherstellung waren an den verschiedenen Stellen großflächig kleinere Abträge und Aufschüttungen erforderlich. Die Förderweiten und Fahrtroute wechselten daher häufig, ohne daß dabei stärkere Gefälle vorkamen. Ein Straßenhobel für die Unterhaltung der Fahrwege fehlte. Trotzdem blieben die Transportwege verhältnismäßig eben, weil der harte bindige Boden bzw. faule Fels kaum Einsenkungen zuließ. Auch stelle man bereits bei geringen Niederschlägen die Arbeit ein.

Im Gegensatz dazu standen die Baustellenverhältnisse bei der Untersuchung des Caterpillar DW 21. Hier war, wie die Baustellenskizze 4 zeigt, ein Einschnitt in Straßenbreite auszukoffern und mit diesem Boden rund 1500 Meter entfernt der entsprechende Damm vorzutreiben. Infolge des sehr locker gelagerten Sandbodens lagen sehr ungünstige Bodenverhältnisse vor. Niederschläge verbesserten die Arbeitsbedingungen mit Ausnahme des Ladens wenig, weil der Einfluß der Feuchtigkeit auf die Bodenverdichtung sich infolge des kleinen Ungleichförmigkeitsgrades ($U \sim 3$) praktisch nicht auswirkte. Die Unterhaltung des in der Länge fast konstanten Förderweges war schwierig, ein Straßenhobel wurde nicht verwandt. Auf der Kippe betrug die einfache Proctordichte 105 %, obschon die Geräte sich häufiger einmahlten. Gefälle kamen nicht vor.

Andere Arbeitsbedingungen ergaben sich bei der Erschließung eines Erztagebaues. Sie bestanden einerseits in dem schichtenweisen Abtrag des

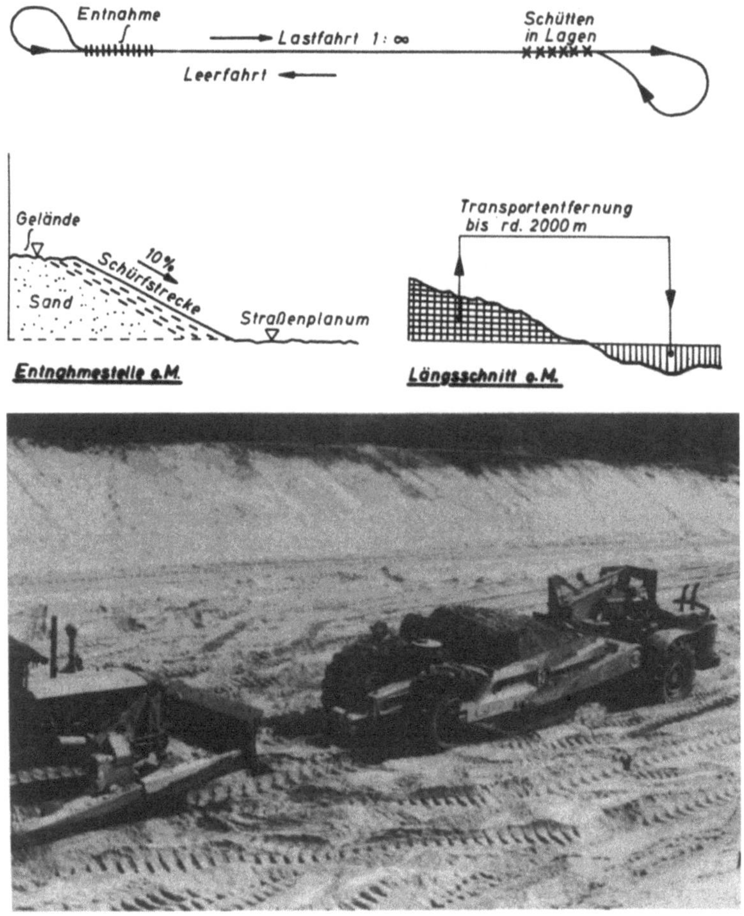

Baustellenskizze 4

Straßenbaustelle

Boden: Sand; Geräte: DW 21

Abraumes bis zur Felslagerung, andererseits in dem Anlegen einer Hochkippe. Dadurch ließen sich, wie man in der Baustellenskizze 5 erkennen kann, größere Steigungen während der Lastfahrt nicht vermeiden. Allerdings wurde die etwa 500 m lange Erdstraße häufiger mit einem Straßenhobel gepflegt. Der Boden reagierte sehr empfindlich auf Niederschläge und war im ausgetrockneten Zustand hart.

Unter diesen Bedingungen konnten die Allis Chalmers-Typen TS 300 und TS 200 und das Fabrikat Tournapull C der Firma Le Tourneau untersucht werden.

Schließlich erfolgte noch eine Untersuchung des Fabrikates TS 200 während seines Einsatzes im Braunkohlentagebau. Hier hatte der Schürfwagen

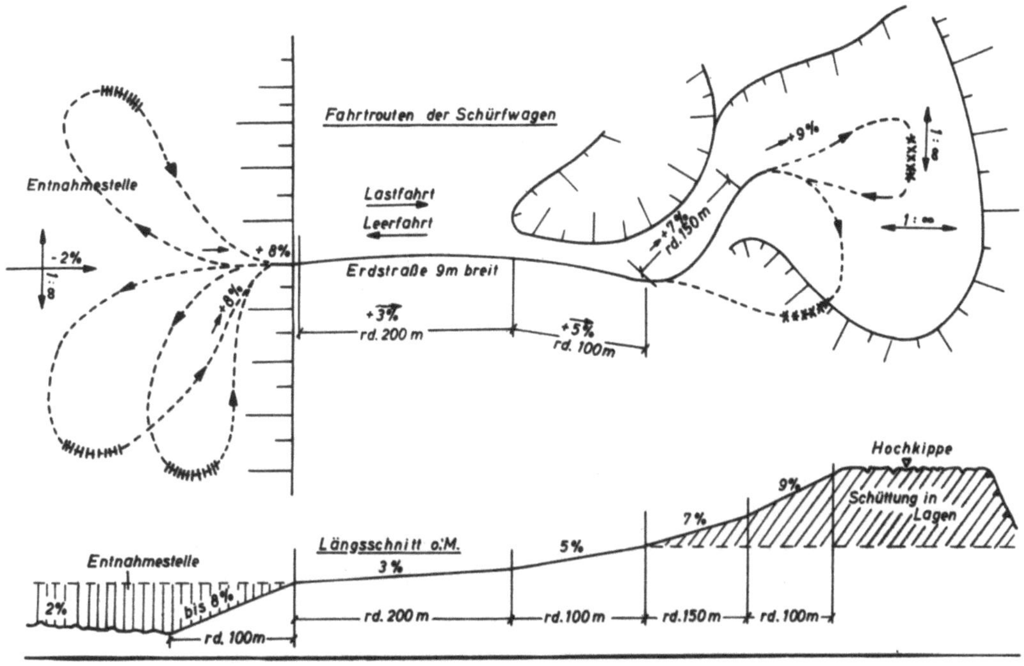

Baustellenskizze 5

Erschließung eines Erztagebaues

Geräte: Tournapull C, TS 200, TS 300

einen Einschnitt für eine Eisenbahnlinie auszukoffern und mit den gewonnenen Massen gleichzeitig den Damm vorzutreiben. Der vorliegende sandig-bindige Boden ergab gute Arbeitsmöglichkeiten. Allerdings waren auf dem frisch geschütteten Damm die Fahrwiderstände beträchtlich.

9.3 Die Versuchsanordnung und -durchführung

Die Versuchsanordnung, wie sie für die Geschwindigkeitsmessung der Anhängeschürfwagen entwickelt und unter 8.3 beschrieben wurde, konnte ohne Änderungen übernommen werden.

Ebenso eigente sich für die Registrierung der vertikalen Schwingungen von Motorschürfwagen während der Fahrt unter 6.41 erwähnte Schwingungsschreiber recht gut.

Ein zusätzliches Meßgerät mußte für die Registrierung des Kraftstoffverbrauches beschafft werden. Dabei war zu beachten, daß Motorschürfwagen nicht mit konstanter Gashebelstellung (die Regulierung erfolgt durch Regler) gefahren werden, sondern fahrtechnisch wie Kraftwagen zu bedienen sind. Deshalb wurde für die Dauer des Versuches in die Treibstoffzuführleitung ein Schaltkolbenzähler eingebaut (Abb. 57).

Abbildung 57

Allerdings zeigten sich bei der Versuchsdurchführung infolge der veränderten Strömungsverhältnisse in der Kraftstoffzufuhr erhebliche Schwierigkeiten. Sie ließen sich schlecht beheben und hatten bei jeder Bauart andere Ursachen.

Bei der Geschwindigkeitsmessung war darauf zu achten, daß das Meßrad wegen des Schlupfes nicht auf einem Antriebsrad des Schürfwagens abrollte.

Mit besonderer Sorgfalt mußten die möglichen maximalen Geschwindigkeiten der Schürfwagen in Abhängigkeit von der Güte der Fahrbahn bestimmt werden. Näheres hierzu siehe unter 14.

9.4 Ergebnisse der Auswertung und Hinweise zur Verbesserung des Arbeitsablaufes

Bereits während der Versuchsdurchführung hat sich herausgestellt, daß allgemein gehaltene Angaben über die Bodenförderung je Stunde, wie sie in der Literatur angegeben werden, besonders beim Einsatz von Motorschürfwagen zu Fehlkalkulationen führen müssen. Es spielen nicht nur die Niederschlagsempfindlichkeit des Bodens oder die Fahrbahnpflege eine Rolle, sondern auch die Arbeitsbedingungen.

Darum ist versucht worden, die jeweiligen Einflüsse getrennt zu ermitteln, damit die Nomogramme mit genügender Genauigkeit einen möglichst großen Anwendungsbereich erhalten.

9.41 Der Ladevorgang bei Motorschürfwagen

Die Zeit für den wirtschaftlichen Ladevorgang bei Motorschürfwagen wird in der einschlägigen Literatur mit max. 60 (s) bei 30 m Schürfweg angegeben. Diese Angaben sind offenbar den Firmenkatalogen entnommen. Tatsache ist nämlich, daß in den USA nach Untersuchungen von Highway Research Board diese Zeitspanne bei 19 Tournapull-C-Geräten mit ca. 8000 Arbeitsspielen von 1,1 bis 2,2 Minuten schwankte, obschon Zug- und Schubraupen als Ladehilfe eingesetzt waren. Dabei lagen die Schürfstrecken zwischen 38 und 80 m.

In einer weiteren Untersuchungsreihe wurden bei 19 Motorschürfwagen mit Fassungsvermögen von 6,1 bis 9,9 m^3 und insgesamt 9200 Arbeitsspielen Schürfzeiten von 0,9 bis 2,2 Minuten ermittelt.

Als eindeutig wirtschaftlichste Arbeitsweise beim Schürfen von Sandboden oder sonstigen losen Materialien hat sich folgende Methode herausgebildet: Bei möglichst hoher Geschwindigkeit (3. Gang) senkt der Fahrer die Schneide langsam in den Boden, um so den unteren Raum vor der Rückwand des Kübels zu füllen. Wenn dann die Geschwindigkeit zu stark abfällt, geht er in den 2. Gang über und pumpt sehr schnell, bis der Kübel beinahe beladen ist, ohne daß die Räder sich einmahlen. Vor der Beendigung des Schürfens ist dann bei äußerster Zugkraft noch 2 oder 3 mal tief zu "pumpen".

Die ungewöhnlich geringe Lagerungsdichte des Sandes ergab beim Einsatz des DW 21 Baustellenverhältnisse, bei denen die beschriebene Ladeweise besonders angebracht gewesen wäre. Doch drehten unmittelbar nach dem Absenken des Kübels die Räder durch und der Schürfwagen konnte auch mit zusätzlicher Hilfe schlecht wieder anfahren. Reifen mit Profilen für Sandböden wurden allerdings nicht verwandt.

Um die Schwerkraft des Gerätes mit auszunutzen, erfolgte der Abtrag derart, daß die Schürfstrecke ständig eine Neigung von ca. 10 % in Transportrichtung aufwies, zumal die geforderte Tiefe des Einschnittes dies ermöglichte. Dadurch und durch die 130-PS-Schubraupe ergab sich auf kurzem Weg - 30 bis 40 m - eine vertretbare Kübelfüllung. Der Ladevorgang, wie insbesondere das "schnelle Pumpen", geht aus der Abbildung 58 hervor. Die ermittelten Werte für das Schürfen, angegeben in Tabelle 10 (S. 117) können streng genommen zwar nur für den hier vorliegenden Sonderfall gelten. Das Charakteristische des Schürfvorganges der Motorschürfwagen beim Einsatz auf Sandboden ist aus der Abbildung 58 jedoch deutlich zu erkennen.

Anders dagegen liegen die Verhältnisse des Schürfens beim Einsatz von Motorschürfwagen auf bindigen Böden. Hier stehen auf deutschen Baustellen im wesentlichen zwei Arbeitsweisen miteinander im Wettbewerb. So wird von einer Seite gefordert: große Schürftiefe, kurzer Schürfweg, geringe Ladezeit; von anderer Seite dagegen: geringe Schürftiefe, längerer aber dafür ebener Schürfweg, bessere Kübelfüllung.

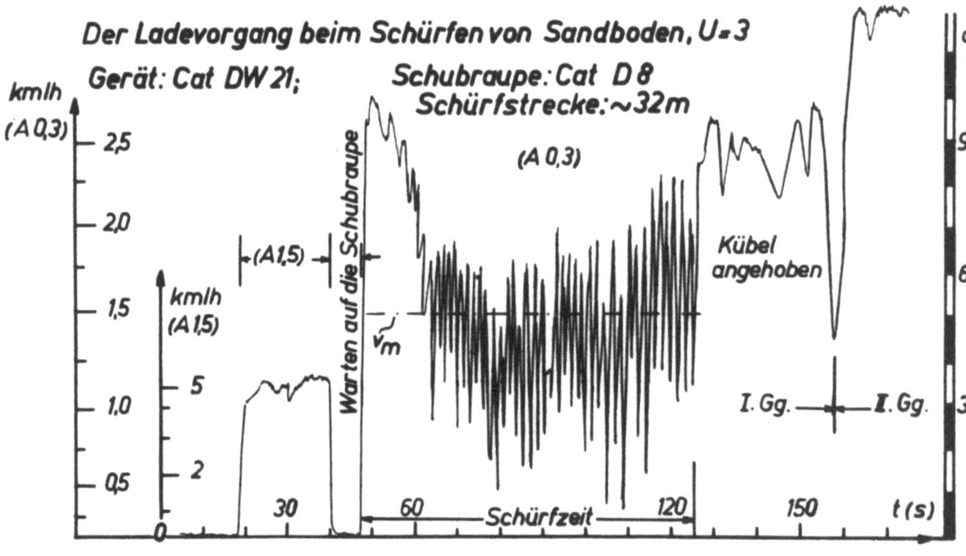

A b b i l d u n g 58

Wenn auch die Fragen der günstigen Schürftiefe im Zusammenhang mit dem Schürfwiderstand, der günstigsten Kübelform in Verbindung mit strömungstechnischen Gesichtspunkten und dem Füllwiderstand sowie der zweckmäßigsten Schneidenform und -stellung hier nicht betrachtet werden können - hierüber siehe Arbeit DREES [30] -, so sollen doch die beiden Schürfmethoden mit ihren praktischen Vor- und Nachteilen gegenübergestellt werden.

Günstig beim Laden mit großer Schürftiefe ist neben der guten Ausnutzung der Zugkräfte von Schürfwagen und Schubhilfe die bereits angeführte etwas geringere Ladezeit. Dadurch wird nicht nur die Grundzeit (t_g) des Schürfwagenarbeitsspieles verkürzt, sondern auch der Wirkungsgrad der Schubhilfe verbessert. Nachteilig ist bei dieser Methode einmal die schlechte Kübelfüllung, weil die dicken Schollen besonders unten im Kübel große Hohlräume zulassen. Zum anderen muß man bei zu groß werdendem Schürfwiderstand den Kübel häufiger anheben. Dabei werden infolge der Kohäsion des Materials mit den Schollen größere Teile des Bodens herausgerissen. Derartige Unebenheiten, deren Größenordnung die Abbildung 59 zeigt, sind beim nachfolgenden Schürfen sehr hinderlich. Sie machen aber besonders bei Niederschlägen den Schürfvorgang unmöglich.

A b b i l d u n g 59

Bei der Ladeweise mit geringer Schürftiefe ist vorteilhaft, daß auf den glatten Schürfwegen das Niederschlagswasser abfließen kann, zumal für die Schürfstrecke i.a. ein Gefälle angestrebt werden soll [29]. Die bessere Kübelfüllung kommt zustande, weil die dünnen Schollen zerbröckeln und dadurch das Fassungsvermögen des Kübels besser ausgenützt wird. Allerdings wird hierdurch die Auflockerung größer und der Böschungswinkel der gehäuften Ladung kleiner.

Leider konnten unter diesem Gesichtswinkel im Rahmen dieser Arbeit keine genauen Messungen durchgeführt werden. Wohl lassen die Studien die Meinung zu, daß am besten zuerst flach geschürft wird, bis der Kübel etwa gestrichen voll ist. Dann können durch tiefes Schürfen unter Umständen bei leichtem "Pumpen" dicke Schollen in den Kübel gepreßt werden. Infolge der in [8] erläuterten Bodenströmung gelangen diese Schollen, nachdem sie das zerbröckelte Fördergut zusammengepreßt haben, oben auf die Ladung. Hier stapeln sie sich und ergeben so unter Umständen eine Möglichkeit, jeweils beträchtlich mehr Boden zu befördern.

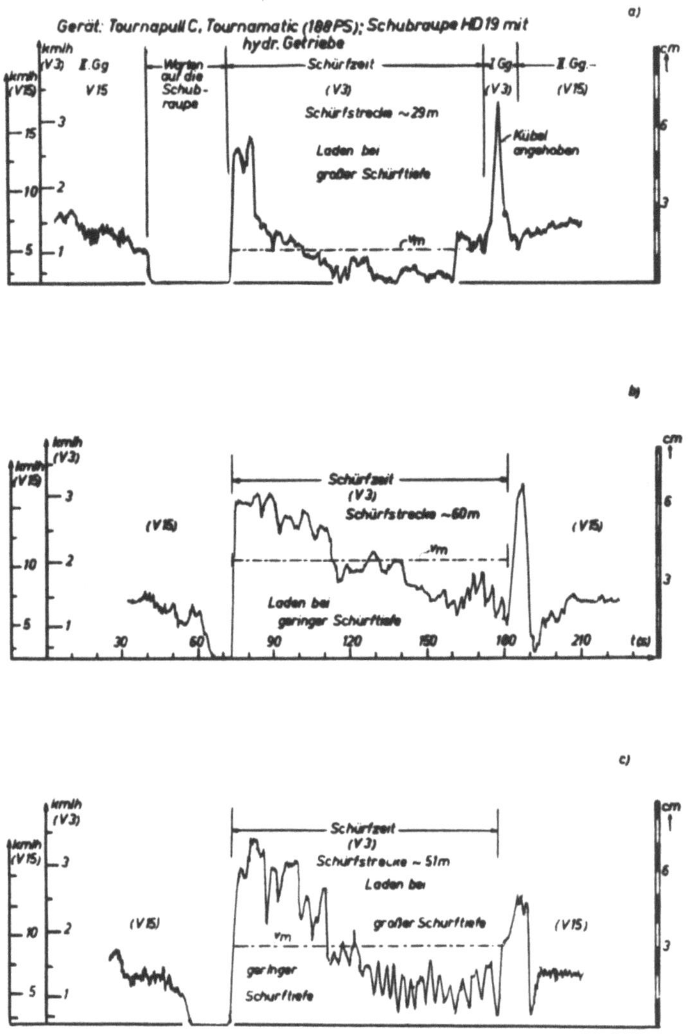

Abbildung 60

Verschiedene Ladevorgänge beim Schürfen von bindigem Boden

(Pl.15, Gew.Kl.IV)

Dieses Verfahren hat außerdem den Vorteil, daß es auch bei Geräten mit nicht hydraulisch absenkbaren Kübelböden angewandt werden kann. Bei diesen Geräten kann man nämlich sonst die Schürftiefe vom Fahrersitz aus erst variieren, wenn der Kübel bereits teilweise gefüllt ist und sich dadurch sein Eigengewicht erhöht hat.

In der Abbildung 60 (S. 112) sind die Ladevorgänge eines Gerätes mit seilzugbetätigtem Kübelboden beim Schürfen von bindigem Boden untereinander dargestellt, soweit sie sich durch Zeit und Geschwindigkeit erfassen lassen.

Zunächst läßt ein Vergleich mit dem Diagramm der Abbildung 58 die charakteristischen Unterschiede der Schürfvorgänge bei sandigen bzw. bindigen Böden erkennen. Genau so klar ersichtlich ist bei einer Einzelbetrachtung der Aufschriebe 60a-c die beschriebene typische Arbeitsweise des Ladens.

Bemerkenswert ist außerdem, daß die Schürfstrecken stark differieren; sie schwanken zwischen 30 und 60 m.

Das Schürfen von bindigen Böden wird bei einmotorigen Schürfwagen i.a. wegen der Bodenwiderstände von Schubraupen unterstützt. Ihre Wirtschaftlichkeit ist eine Funktion ihrer Motorleistung und Bauart, sowie der verlorenen Wege und Zeiten.

Die vorliegenden Untersuchungen haben ergeben, daß bei der Auswahl der Schubraupen auf den Baustellen die Motorleistung zwar beachtet wurde, wesentliche Gesichtspunkte aber teilweise außer Betracht blieben (und noch bleiben).

Die Schubraupe soll z.B. möglichst ein hydraulisches Getriebe besitzen. Dadurch paßt sich die Geschwindigkeit der Raupe der Arbeitsgeschwindigkeit der Schürfwagen an, und beide Geräte bilden während des ganzen Schürfvorganges eine Einheit.

Zumindest aber muß beim Einsatz von Raupen mit mechanischem Getriebe die Geschwindigkeit des 1. Ganges höher liegen als die des Schürfwagens. Anderenfalls eilt dieser bei plötzlich geringer werdendem Schürfwiderstand der Raupe voraus, weil man den Motor des Schürfwagens u.a. wegen der Betätigung der Steuerungsorgane (z.B. für das Heben und Senken des Schürfkübelbodens) entsprechend hochtourig betreiben muß. Das Diagramm der Abbildung 61a zeigt treffend die dadurch während des Schürfablaufes

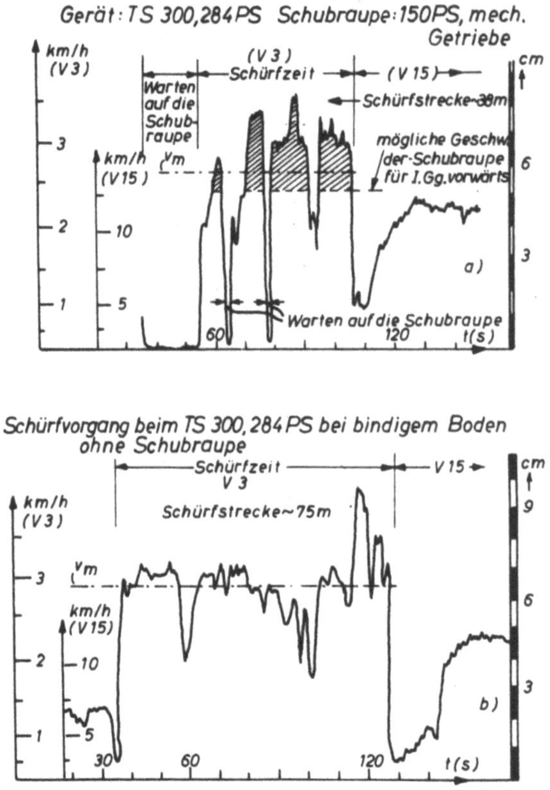

A b b i l d u n g 61a/b

Schürfvorgang bei zu geringer Ganggeschwindigkeit der Schubraupe

auftretenden Wartezeiten. Aber trotzdem ist die Summe aus Schürf- und Wartezeit geringer als beim Laden ohne Schubraupe, wie der Vergleich mit dem Diagramm der Abbildung 61b zeigt. Die Schürfstrecken (ohne bzw. mit Schubraupe) verhalten sich etwa wie 2 : 1.

Die Ursachen der Unwirtschaftlichkeit beim Schürfvorgang sind aber die beim Auffahren der Schubraupen entstehenden harten Stöße und nicht etwa die aus der Abbildung 61a ersichtlichen Wartezeiten. Man kann sie dynamisch als "unelastische Stöße" ansprechen. Das Verhältnis von Nutzarbeit zu aufgewandter Arbeit der Schubraupen kann dabei erheblich absinken. Wenn z.B. eine 15 t schwere Planierraupe mit einer Geschwindigkeit von 2,5 km/h (0,7 m/s) auf einen sich noch mit 0,1 m/s fortbewegenden Schürfwagen von ca. 20 t Gewicht auftrifft, so beträgt das Arbeitsvermögen vor dem Stoß:

$$A_1 = \frac{m_1 \cdot v_1^2}{2} + \frac{m_2 \cdot v_2^2}{2} =$$

$$= \frac{15 \cdot 0{,}7^2}{10 \cdot 2} + \frac{20 \cdot 0{,}1^2}{10 \cdot 2} = 0{,}376 \quad (tm)$$

Die Geschwindigkeit nach dem Stoß beträgt:

$$U = \frac{m_1 \cdot v_1 + m_2 \cdot v_2}{m_1 + m_2} = \frac{G_1 \cdot v_1 + G_2 \cdot v_2}{G_1 + G_2} =$$

$$= \frac{15 \cdot 0{,}7 + 20 \cdot 0{,}1}{15 + 20} \sim 0{,}3 \quad (m/s)$$

Das Arbeitsvermögen nach dem Stoß somit:

$$A_2 = (m_1 + m_2) \frac{u^2}{2} = \frac{35 \cdot 0{,}3^2}{10 \cdot 2} \sim 0{,}175 \quad (tm)$$

Dann beträgt das Verhältnis von Nutzarbeit zu aufgewandter Arbeit:

$$\frac{0{,}175}{0{,}376} \sim 50\ \%$$

und die Formänderungsarbeit $\sim$ 0,2 tm.

Der Einsatz des zweimotorigen 16 TDT - 23 SH, Fabrikat Euclid, erforderte bei genügend trockenem Boden selbst beim Schürfen von hartem Ton bzw. faulem Fels keine Schubhilfe. Bei geringen Niederschlägen, teilweise bis 10 mm/Tag, brauchte die Arbeit nicht eingestellt zu werden, obschon die Plastizitätsziffer des Bodens < 10 war.

Die Abbildung 62 zeigt den Ladevorgang beim Schürfen von hartem Ton. Sie läßt erkennen, wie das Schürfen bei einer Geschwindigkeit von ca. 8 km/h beginnt und der Kübel in etwa 1 Minute auf einer Strecke von rund 40 m zügig gefüllt wird. Das ist möglich und typisch für dieses Gerät, weil der niedrige Gangbereich Geschwindigkeiten bis 8,9 km/h zuläßt. In der folgenden Tabelle 10 (S. 117) sind die durch die Baustellenversuche gewonnenen Mittelwerte der Schürfzeiten und Schürfstrecken zusammengestellt.

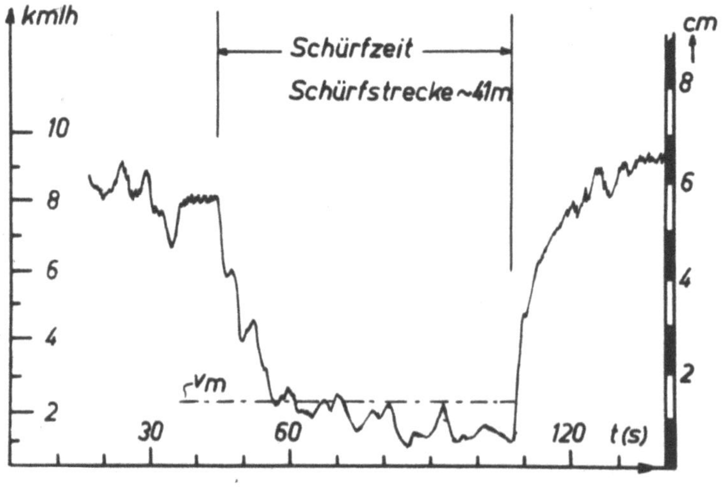

A b b i l d u n g 62
Ladevorgang des 2-motorigen 16 TDT-23 SH beim
Schürfen von bindigem Boden (tlw. fauler Fels)

Die kurze Schürfzeit beim 16 TDT - 23 SH und TS 200 ergab sich durch das Laden mit großer Schürftiefe bei teilweiser Akkordarbeit.

9.42 Der Bodentransport mit Motorschürfwagen

Die Wirtschaftlichkeit der Motorschürfwagen ist hauptsächlich auf ihre hohen Transport- und Rückfahrgeschwindigkeiten zurückzuführen. Hierauf beruht auch die Überlegenheit gegenüber den von Raupen gezogenen Anhängeschürfwagen. Deshalb ist dieser Vorteil weitgehend auszunutzen.

Die Baustellenuntersuchungen haben jedoch gezeigt, daß i.a. bei der Festlegung der Förderwege diese Gesichtspunkte wenig beachtet werden. So hätte man z.B. gefährliche Stellen wie scharfe Kurven, unübersichtliche Einmündungen bzw. Einbahnstraßenabschnitte, einspurige, wenig übersichtliche Unterführungen, sowie den sich kreuzenden Verkehr soweit wie möglich vermeiden müssen. Diese Hindernisse, oft über Wochen in Kauf genommen, verlängern die Fahrzeit erheblich und erlauben nur die Geschwindigkeit der niedrigen Gänge. Lassen sich derartige Verzögerungen jedoch nicht vermeiden, so sind ihre Zeitabschnitte bei der Kalkulation entweder im einzelnen zu berücksichtigen oder insgesamt den Verlustzeiten zuzuschlagen.

Ständige Verzögerungen, die durch die Welligkeit der Fahrbahn, durch verschieden hohe Fahrwiderstände, durch ungeschickte Maschinisten, durch

T a b e l l e 10

Schürfzeiten usw. für Motorschürfwagen

Type	Motorleistung PS	Fassungsvermögen m^3	Bezeichnung	U bzw. Pl	Gewinnungsklasse	Konsistenzbezeichnung	Schürfzeit sek	Gefälle %	Schürfstrecke m	Bemerkungen
TS 200	176	7,6	Ton	Pl. 15	IV	halbfest	80^{xx}	2	30	Akkordarb.
				-	II	weich-plastisch	102^{xx}	-	35	Nur 150 Arbeitsspiele
Tournapull C	188	9,3	Ton	Pl. 15	IV	halbfest	125^{xx}	2	34 tief 57 flach	
			reiner Sand Braunkohle				140^{xx} 110^{xx}	-	50 57	Im Braunkohlenbergbau 1953 ermittelt
DW 21	228	11,5	Sand	U = 3	I	-	90^{x}	10	37	
TS 300	284	10,7	Ton	Pl. 15	IV	halbfest	128^{xx}	2	40 tief 65 flach	
16 TDT	2 x 195	13,8	Ton	Pl. 9	IV	hart	67	-	38	Keine Schubraupe erforderlich
23 SH			Mutterboden		II	weich-plastisch	60	-	34	Hydraulische Kübelsenkung

nasse und schlüpfrige Förderwege, durch Nachtfahrten auf schlecht markierten Transportwegen usw. entstehen, sind dagegen für die jeweilige Gangwahl mitbestimmend.

Zu bemerken ist ferner, daß bei der Wahl des Ganges für lange Gefällstrecken (insbesondere bei der Rückfahrt) die Sicherheitsbedingungen mehr zu beachten sind als die Fahreigenschaften des Fahrzeuges.

Im übrigen kann mit den in der Tabelle 11 zusammengestellten Geschwindigkeiten gerechnet werden. Sie sind Mittelwerte umfangreicher Baustellenergebnisse.

Tabelle 11

Ganggeschwindigkeiten von Motorschürfwagen

Type	Motorleistung PS	Fassungsvermögen m^3	Mittlere Ganggeschwindigkeiten in km/h (% der max. Ganggeschwindigkeiten) Lastfahrt I	II	III	IV	V	Leerfahrt I	II	III	IV	V
TS 200	176	7,6	3,6 (90)	7,2 (90)	3,1 (89)	22 (85)	25 (73)	3,6 (90)	7,2 (90)	13,7 (94)	23 (88)	29,5 (85)
Tournapull C	188	9,3	3,8 (86)	8,5 (84)	13,5 (60)	36 (70)	- -	4,0 (91)	8,7 (86)	20,5 (90)	40 (78)	- -
DW 21	228	11,5	3,1 (90)	6,5 (90)	9,7 (85)	17 (87)	25,4 (79)	3,1 (90)	6,2 (92)	10,2 (89)	17,8 (90)	28,5 (88)
TS 300	284	10,7	4,3 (80)	9,5 (85)	18,7 (90)	(28,5) (80)	- -	4,3 (80)	9,5 (85)	19 (92)	31 (86)	- -

Ein anderer Weg für die Ermittlung der mittleren Transportgeschwindigkeiten mußte bei den Geräten beschritten werden, die mit vollhydraulischen Getrieben ausgestattet sind. Im Gegensatz zu den bisher angeführten Geräten mit normaler Gangschaltung sind bei den Geräten mit vollhydraulischen Getrieben ia. nur 2 bzw. 3 Gangbereiche vorgesehen. Innerhalb der jeweiligen Gangbereiche ist dann eine Beschleunigung der Geräte von Null bis auf Ganghöchstgeschwindigkeit möglich.

Während des Betriebes dieser Fabrikate auf der Baustelle stellen sich somit innerhalb der jeweiligen Gangbereiche immer diejenigen Geschwindigkeiten ein, die die Gesamtfahrwiderstände der Geräte gerade noch zulassen. Die Zugkraft steigert sich also bei abfallender Geschwindigkeit kontinuierlich und nicht, wie z.B. beim TS 200 (Abb. 17c), mit der

Gangwahl sprunghaft. Das geht u.a. sehr deutlich aus der Abbildung 63 hervor, die die Geschwindigkeiten eines Euclid 16 TDT - 23 SH als Funktion des Gesamtfahrwiderstandes wiedergibt.

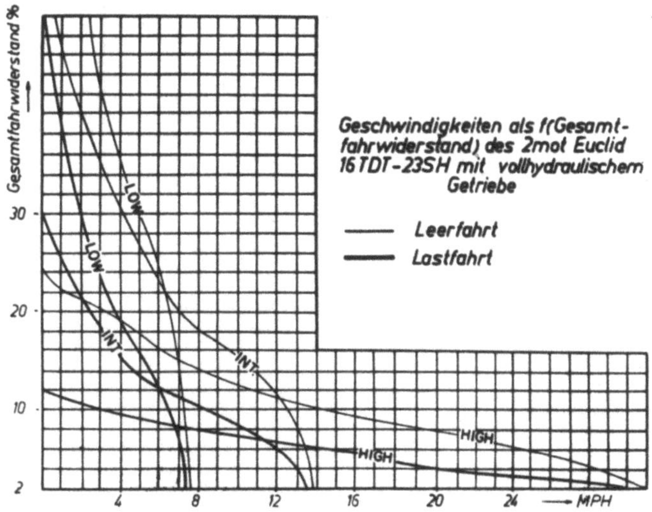

A b b i l d u n g 63

Diese gegenüber den bisherigen Ausführungen veränderten Verhältnisse müssen berücksichtigt werden, wenn man das neuentwickelte Verfahren anwenden will. Das kann dadurch geschehen, daß man an Stelle der jeweiligen Gänge ausgewählte Gesamtfahrwiderstände (Steigungs- und Fahrwiderstände) für die Angabe der mittleren Transportgeschwindigkeiten einführt.

Unter diesem Gesichtswinkel wurden beim 16 TDT - 23 SH die Geschwindigkeitsmessungen ausgewertet. Hierbei ergab sich bei den in der nachstehenden Tabelle 12 näher bezeichneten Werten eine gute Übereinstimmung mit den Höchstwerten, die bei Last-, bzw. Leerfahrten um ca. 20 bzw. 15 % höher lagen als die örtlich ermittelten Werte.

Leider waren auf der Untersuchungsbaustelle die Fahrwiderstände wenig unterschiedlich, so daß weitere Ergebnisse nicht vorliegen. Der Vollständigkeit halber mußten deshalb die in der Tabelle nicht bezeichneten Werte der Abbildung 63 entnommen werden. Um den Baustellenverhältnissen nahe zu kommen, wurden sie auf 80 % bei Last- und 85 % bei Leerfahrt reduziert.

Somit ergaben sich für den 16 TDT - 23 SH als mittlere Geschwindigkeit (km/h) in den Gangbereichen

T a b e l l e 12

Geschwindigkeiten des Euclid 16 TDT - 23 SH
in Verbindung mit Abbildung 63

	tief					mittel					hoch		
	(1)	(2)	(3)	(4)	(5)	(6)	(7)	(8)	(9)		(10)	(11)	(12)
Gesamtfahr-widerstand in %	2	6	10	20	30	2	6	10	20	30	2	6	10
Lastfahrt	9,6[x]	9,2[x]	8,4	4,8	2,5	17,3[x]	15,4	10,6	3,2	-	38,6	18,6	4
Leerfahrt	10,5	10,3[x]	9,8	8,8	7,0	18,9[x]	18,2	17,0	9,6	5,7	42,3	34	19,5

[x]Durch Versuche bestätigt

Insgesamt fällt bei einer Betrachtung der Geschwindigkeitszusammenstellung auf, daß die mittleren Werte i.a. 85 - 95 % der jeweiligen Höchstgeschwindigkeiten erreichen. Ferner ist bis zu den mittleren Gängen kaum ein Unterschied zwischen der Geschwindigkeit der Last- und Leerfahrt festzustellen. Diese Tatsache ergibt sich einerseits aus dem günstigen Verhältnis des Gesamtgewichtes zur Motorleistung, andererseits als Folge der erwähntenten ständigen Verzögerungen, wie sie z.B. durch die Welligkeit der Fahrbahn hervorgerufen werden. So zeigt die Abbildung 64 die Arbeitsspiele des TS 200, bei denen der Förderweg in Transportrichtung eine längere Steigung (bis 8 %) aufwies. Während bei der Leerfahrt auf planierter Fahrbahn, wohl als Folge des Akkordlohnes, Geschwindigkeiten bis zu 30 km/h üblich waren, - teilweise erreichte man (trotz der Gefahr) ausgekuppelt und unter Ausnutzung des Gefälles bis 45 km/h - mußten sich die Fahrer an diesem Tage mit Geschwindigkeiten begnügen, wie sie der III. Gang zuließ. Man hatte den Straßenhobel nämlich seit Tagen nicht eingesetzt. Die Fahrbahn war daher stark wellig und die während der Fahrt auftretenden Vertikalschwingungen ließen höhere Geschwindigkeiten als die des III. Ganges nicht zu. Ihre Größenordnung wird unter 14. in Verbindung mit dem Schwingempfinden des Menschen behandelt.

9.43 Der Bodeneinbau beim Einsatz von Motorschürfwagen

Für den Einbau des Bodens beim Einsatz von Motorschürfwagen gelten im wesentlichen die unter 8.43 beschriebenen Gesichtspunkte. Bei einem

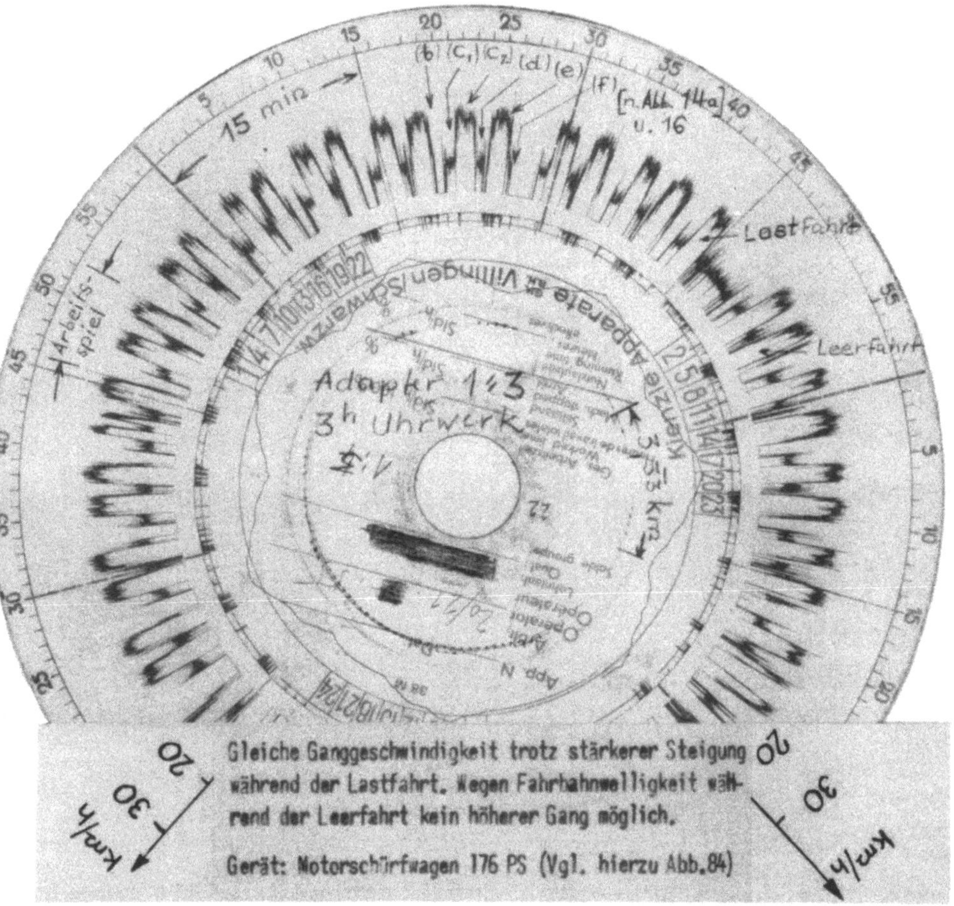

A b b i l d u n g 64

feuchten bindigen Boden erreichte man z.B. eine 95 %-ige einfache Proctordichte. Der entscheidende Einfluß der Feuchtigkeit bei der Verdichtung von Böden scheint jedoch nicht allgemein bekannt zu sein. Nach SÖHNE [36] sind u.a. Sandböden gut zu verdichten, wenn sie unmittelbar nach schweren Regengüssen (evtl. Sprengwagen) befahren werden.

Allerdings sind hier Einschränkungen zu beachten, die THEINER [37] in einer noch nicht veröffentlichten Forschungsarbeit angibt. Danach ist bei gleichförmigem Sand (U 2 - 3) die Verdichtung von der Feuchtigkeit praktisch unabhängig. Dasselbe wurde auf der Baustelle des DW 21 festgestellt.

Die in der Abbildung 65 aufgetragenen Proctor-Kurven von Sandboden mit U = 3 bzw. 75 zeigen den verschiedenen Einfluß der Feuchtigkeit auf die Verdichtung.

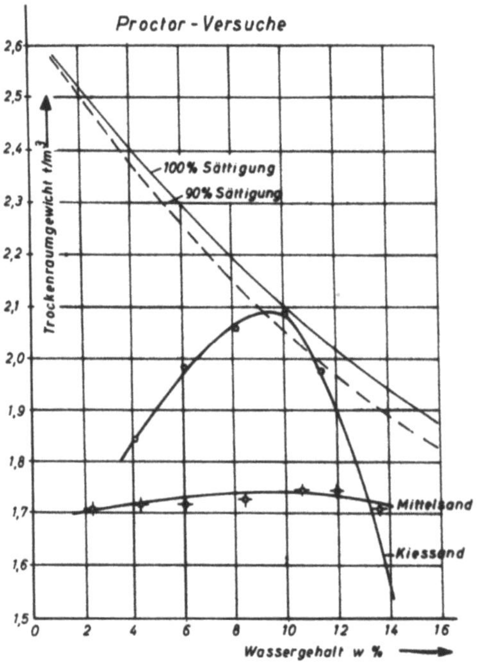

A b b i l d u n g 65
(nach THEINER)

Im übrigen wären Untersuchungen über die Druckverteilung im Boden beim Befahren durch Niederdruckreifen anzustreben, wie sie etwa von SÖHNE [36] für die Landwirtschaft bzw. von THEINER [37] bei Walzenuntersuchungen durchgeführt wurden. Dadurch könnten für den Fall einer vorgeschriebenen Bodenverdichtung auf der Kippe wichtige Erkenntnisse bezüglich der Schütthöhe, der optimalen Bodenfeuchtigkeit beim Einbau usw. in Abhängigkeit von der Belastung und der Reifenaufstandsflächen gewonnen werden. Als sicher gilt bisher, daß die Druckzwiebeln, das sind die Linien gleicher Hauptspannung bei der Druckverteilung im Boden, bei gleichem Flächendruck an der Oberfläche sich einmal mit der Achslasterhöhung und zum anderen mit steigender Feuchtigkeit des Bodens tiefer nach unten verlagern.

9.5 Die Gesamtarbeitsspiele

Das Gesamtarbeitsspiel der Motorschürfwagen wurde bereits unter 2.4 beschrieben. Die dort auf Grund theoretischer Überlegungen gewonnenen Ergebnisse haben sich auf den Baustellen bestätigt. Die scheinbare Abweichung bei den Lastfahrten ist auf die wechselnde Neigung der Baustellenfahrbahn zurückzuführen. Derartig große Schaltzeiten sind sehr

T a b e l l e 13

Die konstanten Zeiten der Motorschürfwagen

Fabrikat	Motorleistung PS	Fassungsvermögen m^3	Bodengewinnungsklasse n. KÖGLER	Schürfen S	Wenden und Entleeren S	Wenden und Entleeren km/h	Wenden und Bereitstellen S	Wenden und Bereitstellen km/h	Warten auf die Schubraupe S	kg/PS Betr./leer
TS 200	176	7,6	IV	80	32	(4,7)	22	(5,8)	ber.berücks.	177/87
			II	102	s.Zt. nicht ermittelt				"	
Tournapull C	188	9,3	IV	125	33	(4,5)	21	(5,5)	"	178/87
			II Sand	140	s.Zt. nicht ermittelt				"	
			Braunkohle	110	"		"		"	
DW 21	228	11,5	I	90	30	(4,8)	20	(6,0)	15	200/101
TS 300	284	10,7	IV	128	31	(4,9)	22	(5,8)	ber.berücks.	140/73
16 TDT 23 SH	2 x 195	13,8	IV	67	28	(5,4)	20	(6,7)	nicht erford.	140/73
			II	60	s.Zt. nicht ermittelt					

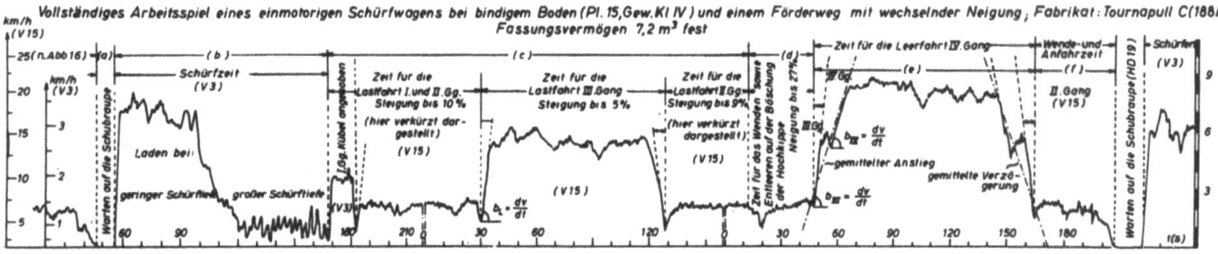

Abbildung 66

selten registriert worden. Im allgemeinen hatten sie die in der Abbildung 69 dargestellte Größe.

9.51 Die konstanten Zeiten (t_k)

Zur konstanten Zeit (t_k) eines Motorschürfwagen-Arbeitsspieles gehören nach 2.4 die Zeitabschnitte für das Schürfen, Wenden und Entleeren an der Einbaustelle, Beschleunigen und gegebenenfalls für das Warten auf die Schubraupe. Sie sind an Hand der Baustellenergebnisse ermittelt und in der folgenden Tabelle 13 zusammengestellt worden.

9.52 Die variablen Zeiten (t_v)

Die variable Zeit (t_v) wird genau wie bei den angehängten Schürfwagen ausschließlich durch die jeweiligen Ganggeschwindigkeiten in Abhängigkeit von den Förderweiten bestimmt. Ihre Mittelwerte sind bereits in Tabelle 11 (S. 118) vorhanden.

9.6 Die Grundzeitdiagramme und die theoretischen Fördermengen/h

Durch die Baustellenstudien verstärkte sich die Vermutung, daß die i.a. mögliche Gangwahl durch die Baustellengegebenheiten bestimmt wird. Diese Annahme bestätigte sich bei der Betrachtung der aufgestellten Grundzeit-(t_g)-Diagramme, denn die Geschwindigkeiten der bezeichneten Arbeitsgänge variieren nur unbedeutend. Eine erhöhte Bodenförderung durch Verkürzung an Grundzeiten ist daher nur durch eine Verbesserung der Baustellenverhältnisse (s. 9.7) zu erreichen, wenn nicht Fahrer und Gerät ungewöhnlichen Belastungen ausgesetzt sein sollen.

Im übrigen zeigen die t_g-Diagramme der Abbildung 67 (am Ende des Abschnittes 9.6), wie sehr die richtige Kalkulation von der Gangwahl abhängt. Die Streuungen der konstanten Zeitabschnitte eines Arbeitsspieles infolge verschiedener Bodenarten haben bei wachsender Förderweite immer weniger Bedeutung, weil sie gegenüber dem variablen Zeitanteil verschwindend klein sind. Deswegen ist die Verwendung der t_g-Diagramme bei Förderweiten ab 400 m i.a. nicht ausschließlich auf die angeführte Bodenart beschränkt, wie es zum Beispiel die Abbildung 67e beweist.

Auch die Auswirkungen der Gerätebeschleunigungen sind gut zu überblikken. Sie lassen sich keineswegs für jede Geschwindigkeit durch gleiche Zeitanteile erfassen, wie dies u.a. GABAY [7] versucht. Meist werden sie sogar völlig vernachlässigt, und es können bei der Grundzeit Fehler bis zu 1 Minute und mehr auftreten.

Diese Ungenauigkeiten zeigen sich in den bisher üblichen Nomogrammen für die Bodenförderung. Ihre Kurven führen nämlich insbesondere bei kurzen Förderweiten zu unmöglichen Werten. In Wirklichkeit ergeben in diesem Förderbereich die Geschwindigkeiten der höchsten Gänge, wie aus den Darstellungen der Abbildungen 68a bis 68e (am Ende des Abschnittes) ersichtlich, nicht die maximale Bodenförderung.

Vielmehr läßt sich an Hand der dargestellten Nomogramme die günstigste Gangwahl bestimmen, soweit nicht Baustellenverhältnisse dagegen stehen. Im übrigen beweisen die in die Abbildung 68e eingetragenen Werte der praktisch erreichten Förderung erneut die Sicherheit des entwickelten Verfahrens.

Bei der Ermittlung der Kübelinhalte m^3 (fest) durch Nivellements zeigte sich wiederholt eine geringe Abhängigkeit von der Bodenart. Zum Beispiel wurden beim Tournapull für einen Boden, wie er beim Einsatz des Euclid vorlag, 7,2 m^3 (fest) ermittelt, während sich auf der untersuchten Baustelle 7,1 m^3 (fest) ergaben. In der Literatur werden dagegen für bindigen Boden im Mittel 7,3 m^3 angegeben. In einem anderen Falle differierten beim Einsatz des TS 200 die über den Kübelinhalt kalkulierten Massen mit den aufgemessenen um weniger als 8 %. Man wird deshalb so vorgehen können, daß man bei der Nachkalkulation die Kübelinhalte der eingesetzt gewesenen Geräte ermittelt, um mit Hilfe dieser Werte die Vorkalkulation ähnlicher Projekte gegenüber den früheren Methoden zu verbessern.

Da jedoch, wie bereits erwähnt, das t_g-Diagramm gegenüber Bodenunterschieden noch unempfindlicher ist, kann die theoretische Förderung je

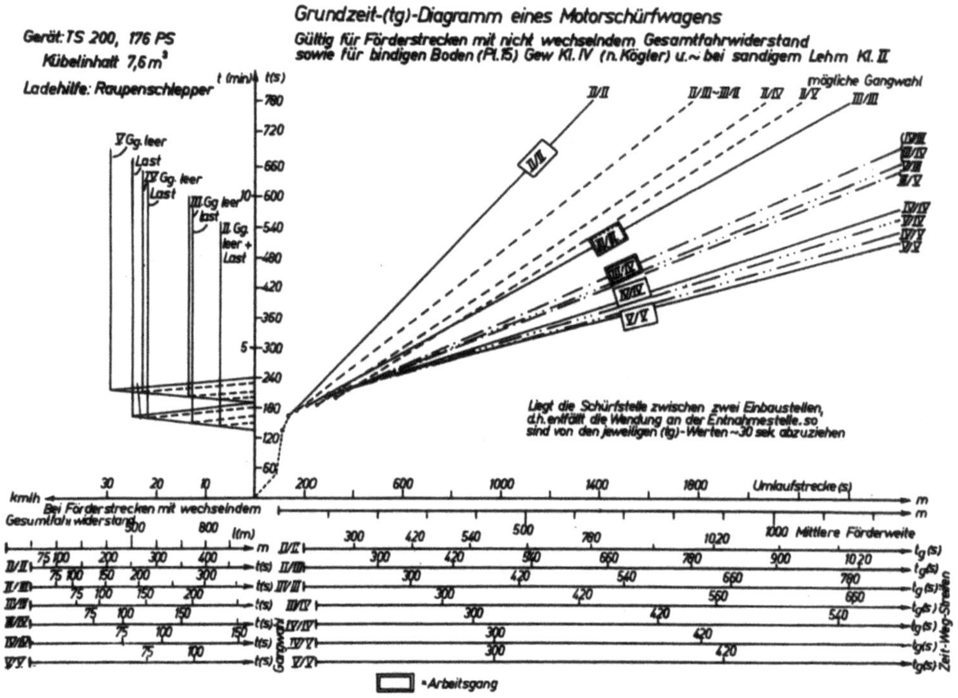

Abbildung 67 a

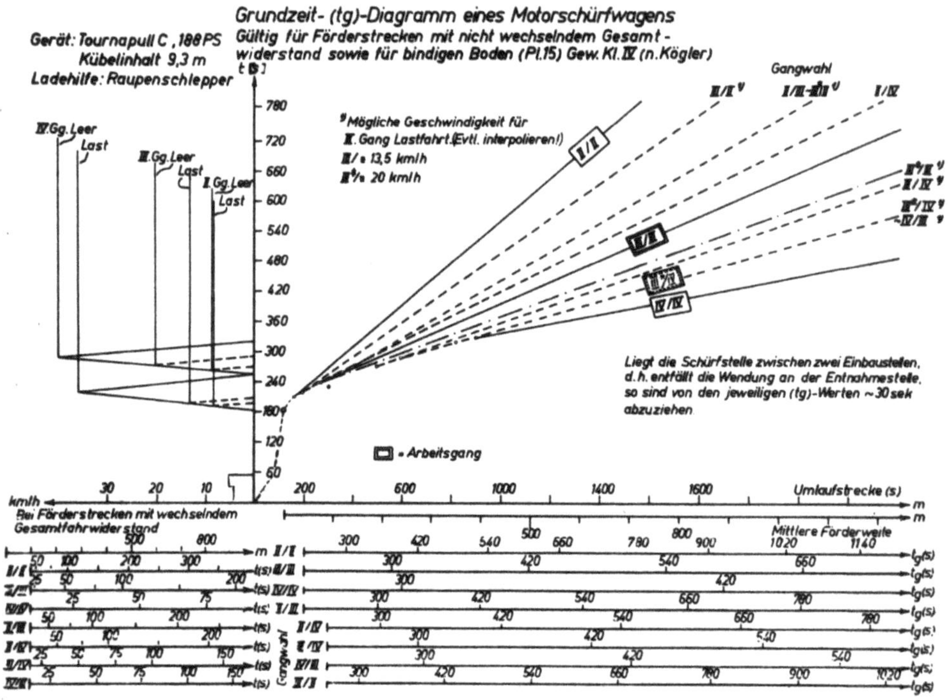

Abbildung 67 b

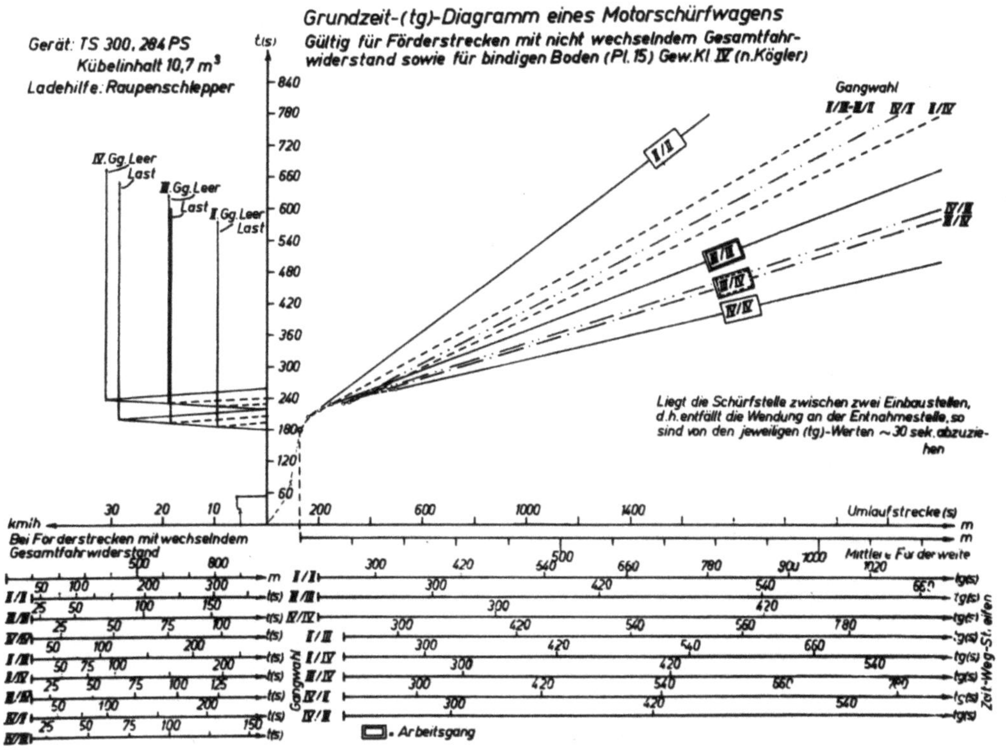

Abbildung 67 c

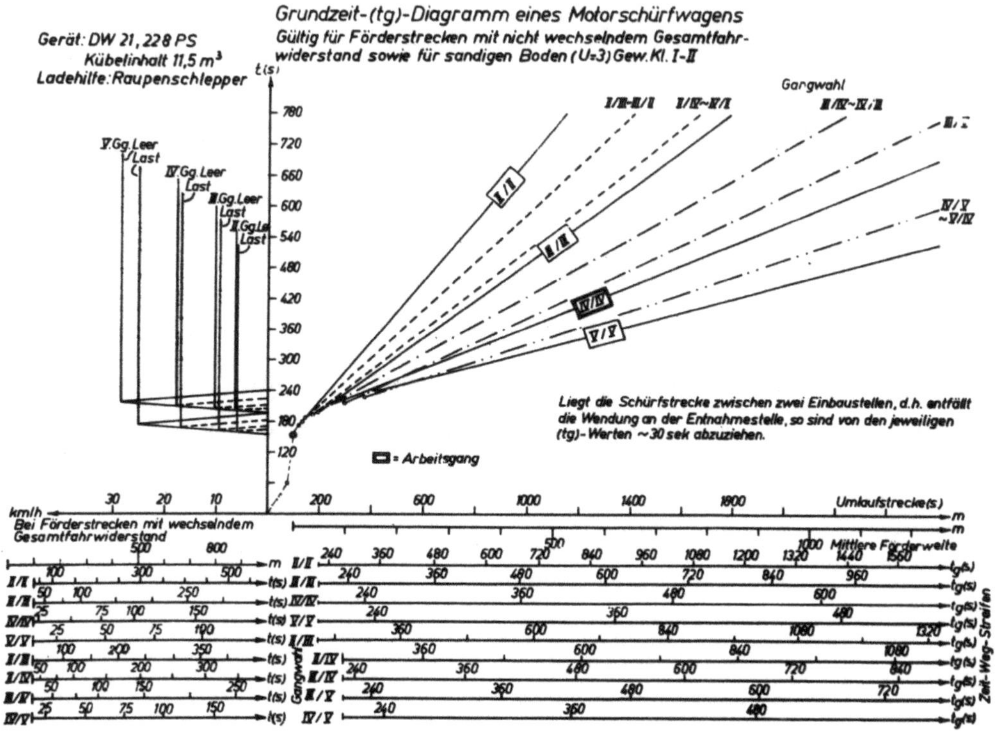

Abbildung 67 d

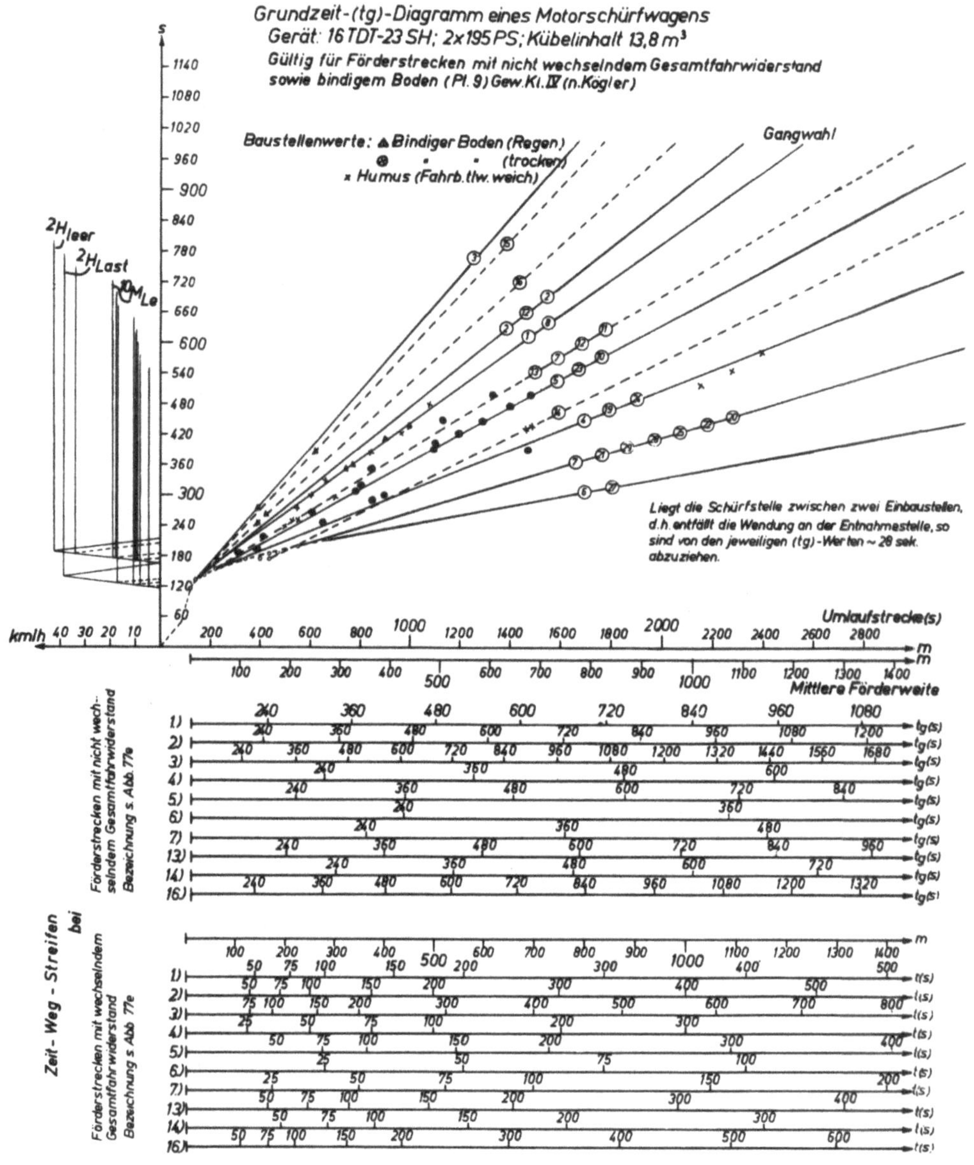

A b b i l d u n g 67 e

Stunde mit Hilfe der unter 5.52 angegebenen Gleichung bestimmt werden, wenn der Kübelinhalt nach [8] oder sonst über die Auflockerung berechnet ist (11.4).

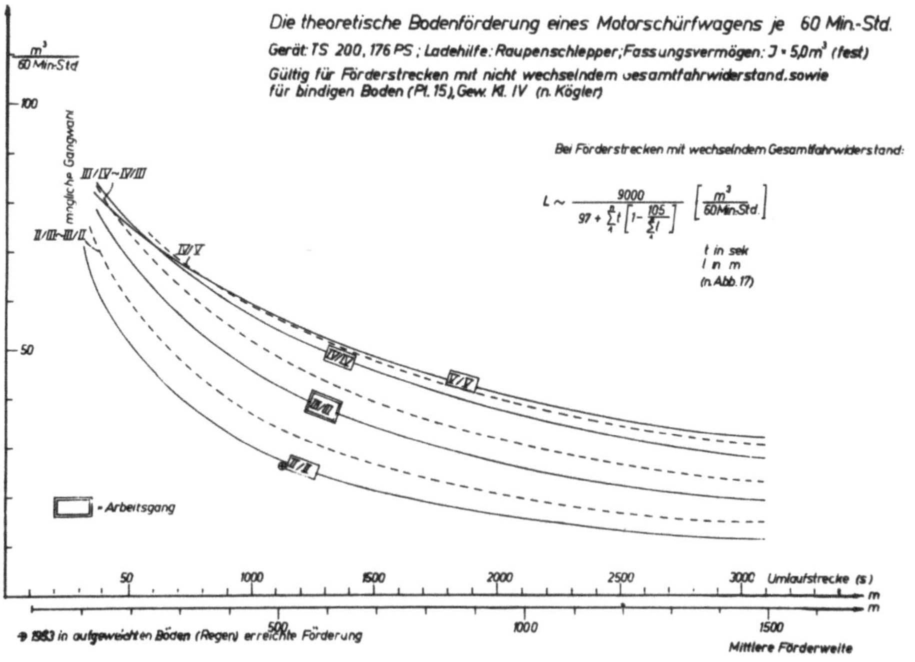

Abbildung 68 a

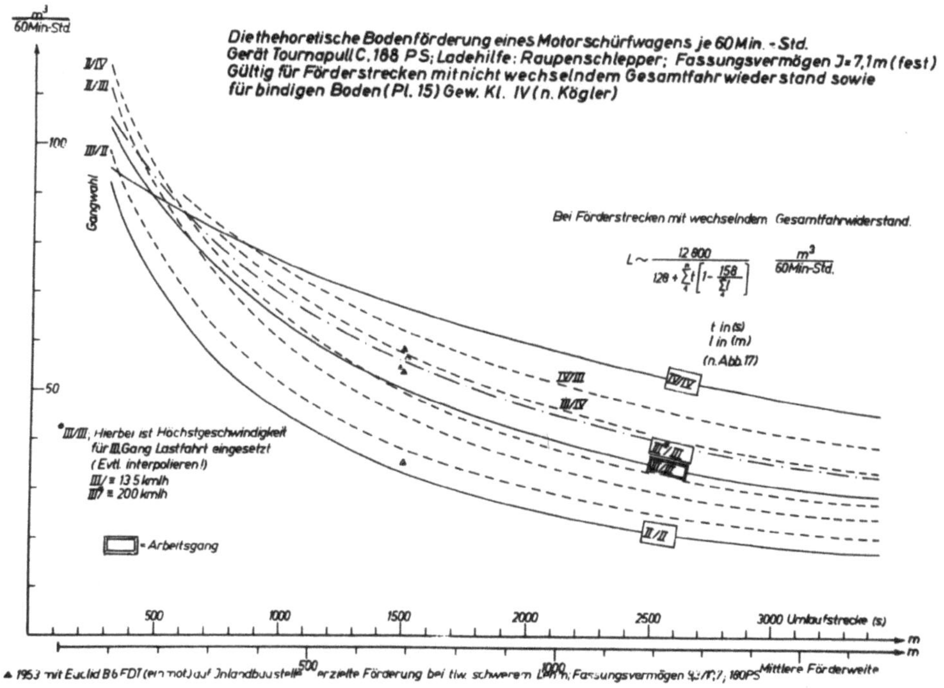

Abbildung 68 b

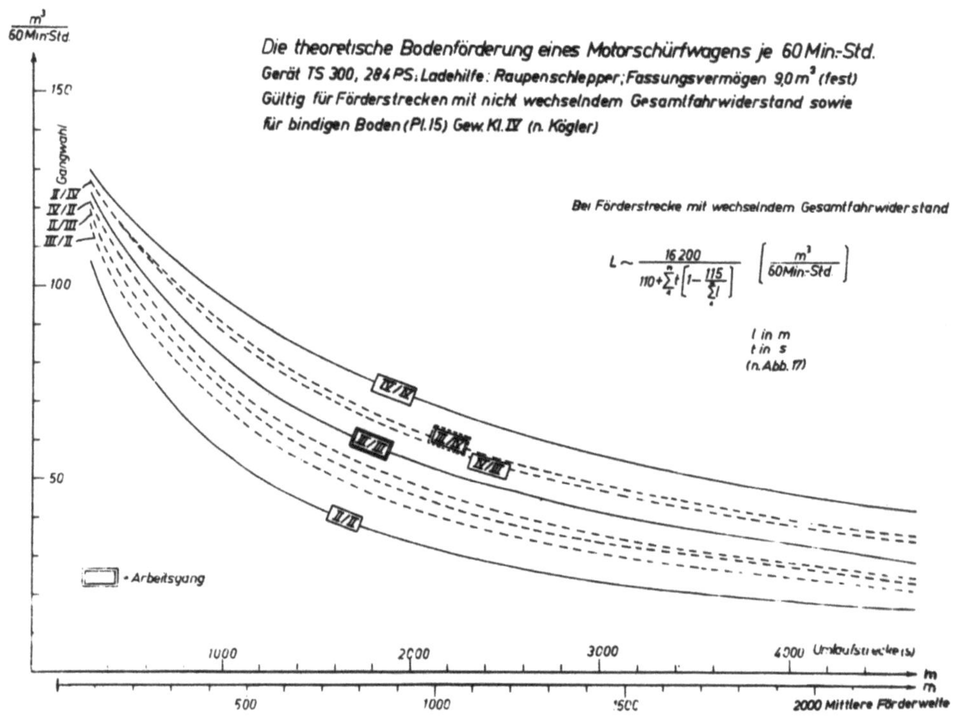

A b b i l d u n g 68 c

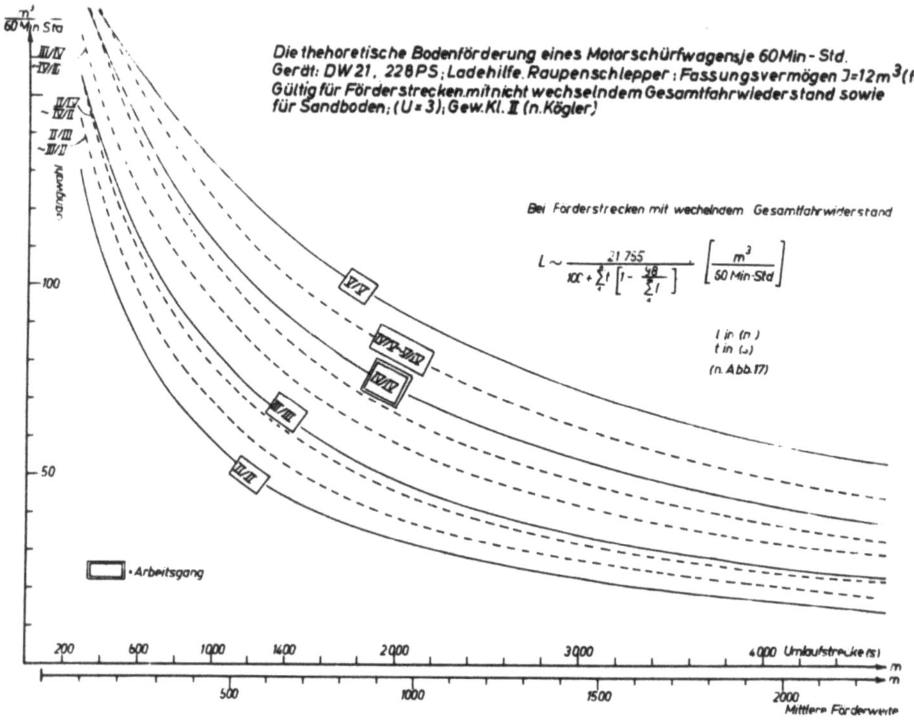

A b b i l d u n g 68 d

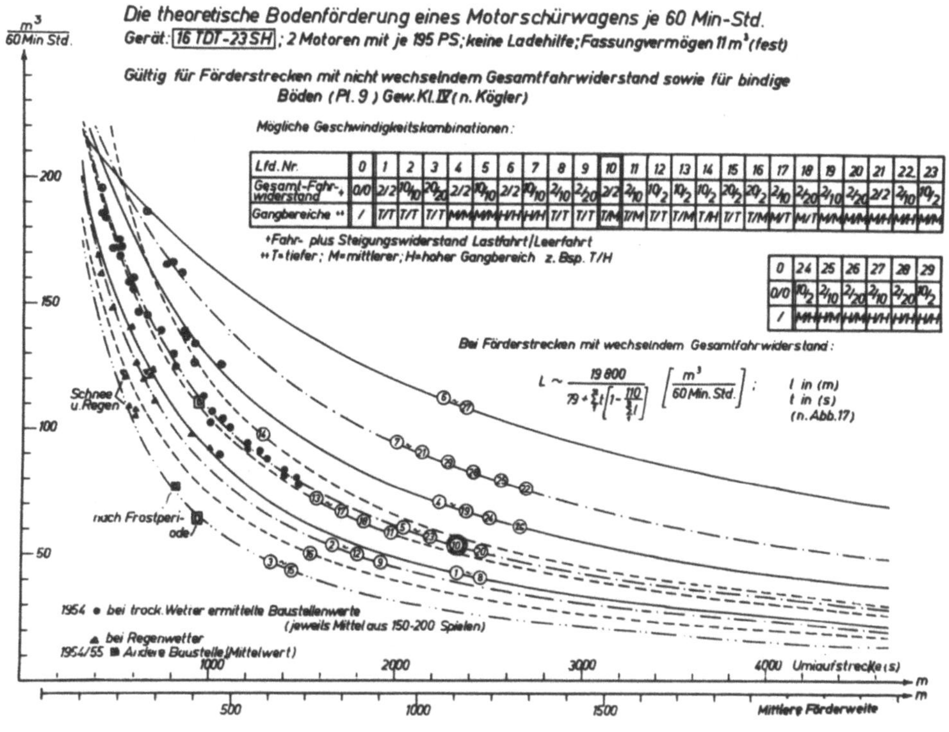

A b b i l d u n g 68 e

9.7 Die Möglichkeiten der Mehrförderung

9.71 Allgemeines

Bei einer Betrachtung der Abbildung 69 (S. 132) läßt sich folgende Möglichkeit der Leistungssteigerung erkennen. Man kann in Übereinstimmung mit den diesbezüglichen Nomogrammen für Anhängeschürfwagen nämlich feststellen, daß sich hohe Geschwindigkeiten besonders bei Förderweiten zwischen 400 und 900 m günstig auswirken. Bei größeren Förderweiten führt dagegen eine konstante Erhöhung der Geschwindigkeit auch zu einer fast konstanten Mehrförderung, d.h., die Leistung bei einem Förderweg über 900 m steigt proportional mit diesem. In dem Förderwegbereich von 400 bis 900 m dagegen steigt sie stärker. Da nun die Höhe der Geschwindigkeiten, wie bereits gesagt, meist durch die Baustellenoberfläche usw. diktiert wird, kann man über den erhöhten Förderungsbetrag die Wirtschaftlichkeit der erwähnten Baustellenverbesserungsvorschläge (z.B. durch Straßenhobel) ableiten.

Ein Maßstab für die Leistungsfähigkeit von Motorschürfwagen ist u.a. die Motorleistung und das Verhältnis von Fahrzeuggewicht zu Zugkraft. Hierbei wird von einer Zugkraft ausgegangen, wie sie etwa in Abbildung 17c für die einzelnen Gänge dargestellt ist. Dabei werden die Maschinen

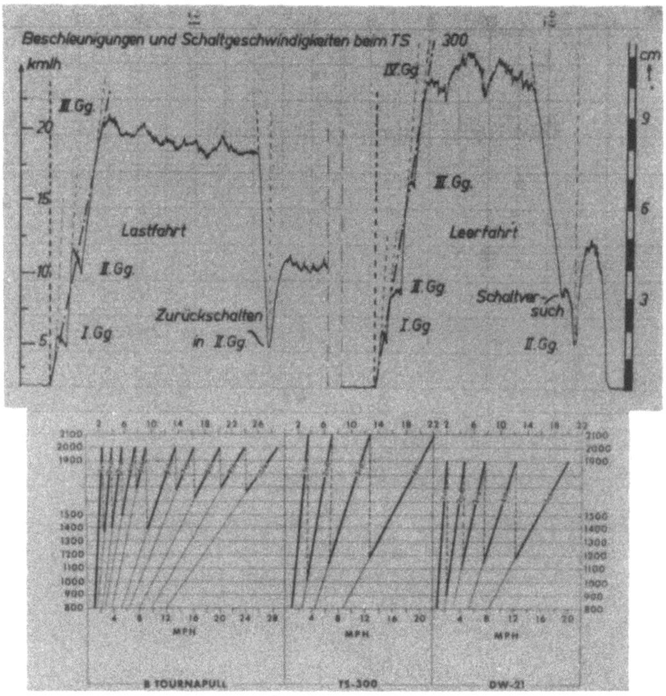

A b b i l d u n g 69 a/b

Mögl. Geschwindigkeit (M/h) bei der Gangwahl
mit zugeh. Motordrehzahl (U/min)

Die punktierten Linien verbinden jene Punkte der Motordrehzahl, wo die Fahrgeschwindigkeiten in aufeinanderfolgenden Getrieben den Überlappungspunkt erreichen

möglichst hochtourig gefahren. Wenn man nun, um schalten zu können, die Drehzahl des Motors stark ermäßigen muß, wird infolge der dadurch bedingten Zugkraftverminderung der Zeitanteil für die Beschleunigung des Gerätes bis zur normalen bzw. höchstmöglichen Ganggeschwindigkeit sehr groß.

Diesem Nachteil sollte man bei Neukonstruktionen durch eine Erhöhung der Gangzahl begegnen, denn er macht sich bei Geräten mit wenig Gängen am stärksten bemerkbar. So kann sich z.B. beim TS 300, der nur 4 Gänge aufweist, das Verhältnis von Gewicht zur Leistung beim Schalten von 140 auf 290 verändern. Das Diagramm der Abbildung 69a läßt den Zeitverlust erkennen, der durch die erforderliche niedrige Geschwindigkeit des TS 300 beim Herunterschalten entsteht. Dagegen ist aus dem Diagramm 69b ersichtlich, daß im Gegensatz zum TS 300 und DW 21 beim Tournapull B die Drehzahl der Motorwelle bei beliebigem Schalten nicht unter

1375 U/min abzusinken braucht. Die Auswirkungen dieses Vorteiles auf eine erhöhte Förderung sind besonders bei Förderwegen mit wechselndem Gesamtwiderstand offensichtlich.

9.72 Verbesserung der Baustellenbedingungen

Der wirtschaftlichere Einsatz der Schürfwagen wird außerdem dadurch verbessert,

* daß auf staubigen Transportwegen rechtzeitig Sprengwagen eingesetzt werden,
* daß ein selbstfahrbarer Werkstattwagen die Geräte unter Umständen an der Bruchstelle reparieren kann. (Hierfür sollte eine Drehbank, eine elektrische und autogene Schweißausrüstung, sowie Werkbänke mit Schraubstöcken, Bohrmaschine und sonstiger Zubehör eingebaut sein),
* daß ein überdachter und gut beleuchteter Platz Reparaturen bei Regen und während der Nacht möglich macht.
* daß die Fahrer im Gegensatz zu der von KÜHN vertretenen Auffassung [8] ausschließlich Schlosser, Elektriker oder Mechaniker sind. Sie bemerken Motorschäden früher und können kleine Reparaturen selbst ausführen. Vor allem aber sind diese Fahrer bei großen Schäden eine zusätzliche volleinsatzfähige Werkstattkraft,
* daß die Baustelle und besonders das Transportnetz während der Nachtschicht ausreichend beleuchtet ist (Dabei werden beim Schürfen und auf der Kippe für die Einweisung zweckmäßig Positionslampen verwendet. Die Markierung des Förderweges erfolgt dagegen am besten mit roten und weißen Rückstrahlern, die an Stäben befestigt nach Art moderner Straßenmarkierungen aufgestellt werden. Sie geben den Fahrern das für höhere Geschwindigkeiten notwendige Gefühl der Sicherheit).

9.73 Der zweckmäßigste Einsatz der Schubraupe

Wirksame Möglichkeiten zur Steigerung der Bodenförderung ergeben ferner Vorkehrungen gegen Witterungseinflüsse (die unter 11.2 ausführlich behandelt werden) und der zweckmäßige Einsatz von Schubraupen. Unter

A b b i l d u n g 70a

allen Umständen sollten als Ladehilfe immer die sich im maschinentechnisch besten Zustand befindlichen Raupen oder Reifenschlepper eingesetzt werden. Sind sie nämlich nicht einsatzbereit, so wirken sich diese Störungen auf den gesamten Schürfwagenbetrieb aus. Ebenso führt beim Einsatz mehrerer Ladehilfen der Ausfall eines Gerätes, wie die Abbildung 70a zeigt, zur Stauung im Umlauf der Schürfwagen. Die wirtschaftlichste Arbeitsweise der Schubhilfe, die, entsprechend Abbildung 70b, aus der S-, U- oder Z-Betriebsweise bestehen kann, muß in solchen Fällen besonders beachtet werden. Sollen sich die Schürfwagen beim Schürfen gegenseitig unterstützen, so sollte man die Übereinstimmung der Getriebe (nach 9.41) berücksichtigen. Die Zahl der Schürfwagen je Schubraupe ist für die exakten Betriebsweisen in [29] bzw. [39] ebenfalls angegeben, und zwar in Abhängigkeit vom Transportweg. Allgemein kann man sie durch die Division der Grundzeiten von Schürfwagen und Raupe ermitteln.

Hierbei schwanken nach Untersuchungen vom Highway Research Board [40] die Grundzeiten von amerikanischen Zug- und Schubraupen mit 80 bis 140 PS Zughakenleistung bei Verwendung für Schürfkübel mit Fassungsvermögen von 6,1 bis 9,9 m^3 zwischen 1,5 und 3,2 Minuten bei einem Mittelwert von 2,5 Minuten. WÖLFER [41] hat auf Arbeitsstellen im Inland für schwere deutsche Raupen 3,1 bzw. 2,5 Minuten ermittelt.

10. Die Erdtransportwagen

10.1 Methoden für die Ermittlung der Grundzeiten

Spezialerdtransportwagen werden auf deutschen Baustellen i.a. bei Förderweiten ab 1000 bis 1500 m eingesetzt. Förderstrecken mit nicht wechselnder Neigung sind daher bei ihrem Arbeitsspiel selten, und die Beschleunigungsanteile spielen bei der Größenordnung der Grundzeiten keine wesentliche Rolle. Deshalb bringt eine sinngemäße Übertragung der in dieser Arbeit entwickelten Diagramme auf den Betrieb mit Erdtransportwagen wenig Nutzen.

Für die Fahrzeitermittlung auf festen Fahrbahnen kann das Verfahren von MÜLLER [2] angewandt werden. Ferner steht durch GARBOTZ [47] das in den USA für Erdtransportwagen übliche und erprobte Kalkulationsverfahren zur Verfügung.

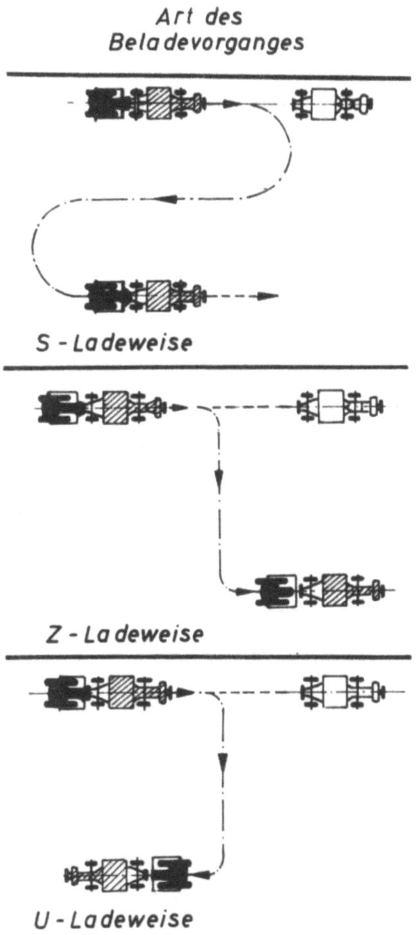

Abbildung 70b
Art des Beladevorgangs

Die Entwicklung einer neuen Methode erscheint somit überflüssig, solange die für deutsche Baustellen und Bagger geltenden Werte in das durch GARBOTZ veröffentlichte Verfahren eingesetzt werden können, ohne die Sicherheit der Kalkulation zu gefährden.

10.2 Möglichkeiten der Arbeitsuntersuchung

Durch WOLFF [48] liegen Arbeitsuntersuchungen im Baggerbetrieb vor, die Aufschluß geben über die Abhängigkeit der Förderung vom Schwenkwinkel des Baggers, über vermeidbare und nicht vermeidbare Verlustzeiten usw.

Die Registrierung der Arbeitsspiele erfolgt am einfachsten durch Rüttelschreiber. Bei elektrisch betriebenen Baggern ergeben aber auch Wattschreiber, die über Strom- und Spannungswandler angeschlossen werden können, sehr guten Aufschluß über die Einzelvorgänge der Ladespiele.

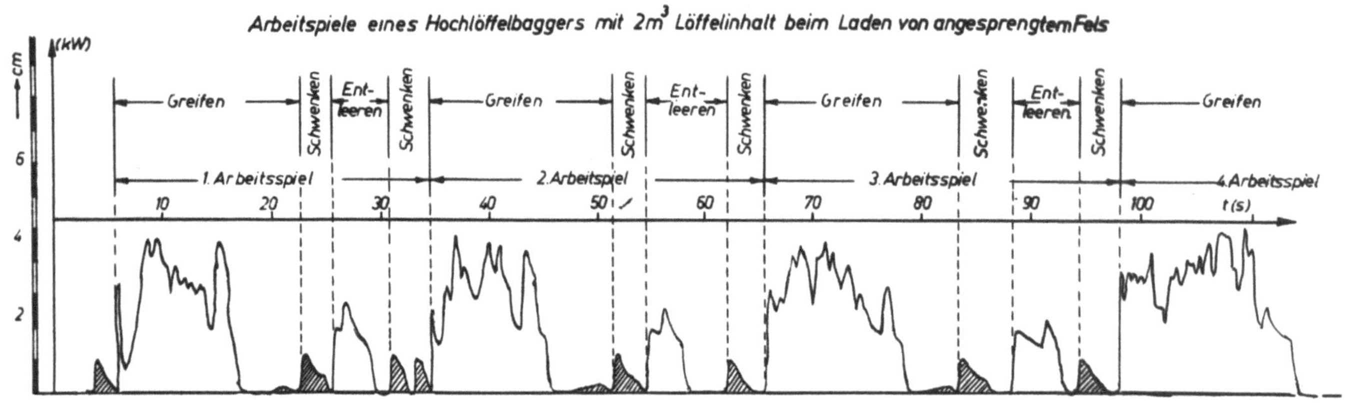

A b b i l d u n g 71

Das Diagramm der Abbildung 71 läßt z.B. alle Einzelheiten des Arbeitsspieles eines 2 m^3-Löffelbaggers beim Abbau und Laden von gesprengtem Fels erkennen. Es ist innerhalb einer Versuchsreihe aufgenommen und gibt wertvolle Hinweise für künftige Untersuchungsmöglichkeiten.

10.3 Die Aufstellung von Fahrdiagrammen

Bei größeren Bauvorhaben kann der Einsatz der Erdtransportwagen durch Fahrdiagramme übersichtlich gehandhabt und dadurch besser gesteuert werden. Ihre Aufstellung ist an Hand der Lade- und Kippzeit und der mittleren Transportgeschwindigkeit in Anlehnung an die durch MÜLLER [49] entworfenen Fahrpläne für den Lokbetrieb möglich. Eine Übereinstimmung mit dem praktischen Fahrbetrieb wird jedoch nur bei richtiger Einschätzung der Auffassungsgabe des Fahrpersonals, der Belade- und Kippmöglichkeiten, der Güte der Fahrbahn, der Steigungen und Gefälle, des Transportweges bei der Last- und Leerfahrt, der Witterungseinflüsse und des Reparaturanfalles der Geräte erreicht.

Die Abbildung 72a (S. 137) zeigt ein derartiges Fahrdiagramm im Prinzip, während aus der Darstellung 72b Fahrpläne für Transportwagen ersichtlich sind, wie sie z.B. beim Bau einer Talsperre möglich gewesen wären.

Bei Projekten dieser Größenordnung dürfte es immer wirtschaftlich sein, die maßgeblichen Werte von Weg, Zeit und Geschwindigkeit vor Einsatzbeginn durch entsprechende Versuchsfahrten festzulegen. Die Auswertung der Tachographendiagramme gestattet außerdem die Auswahl günstigster Trassen. Inwieweit sich dann wegen der Reparaturen und des Reifenver-

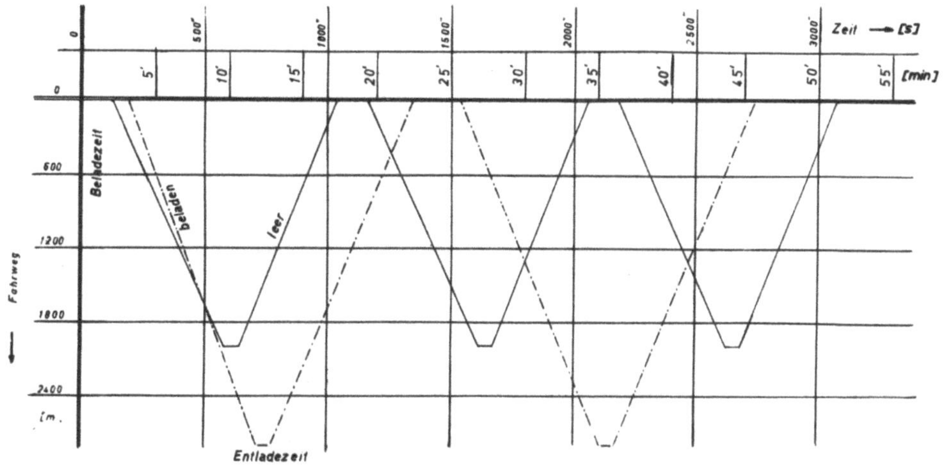

A b b i l d u n g 72a

Fahrdiagramm für Mack

Mack I ——— Schwenkwinkel des Baggers ~ 60°

Mack II -.-.- Schwenkwinkel des Baggers ~ 270°

Bagger M 152 Löffelinhalt 1,5 m (Hochlöffel)

Fahrweg: Kiesgrube-Startbahn
Ladegut: Kies
Ladezeit: abhängig vom Schwenkwinkel des Baggers

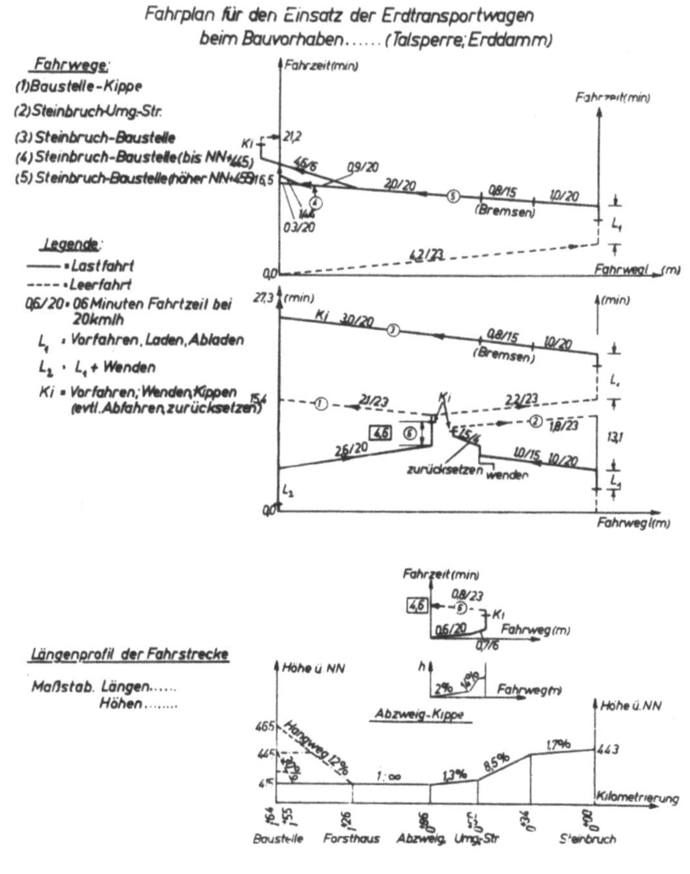

A b b i l d u n g 72b

A b b i l d u n g 72c

Arbeitsspiele eines Erdtransportwagens

Registriergerät: Tachograph

schleißes eine Fahrbahnverbesserung - Vermörtelung, Schwarzdecke usw. - lohnt, ist von Fall zu Fall zu entscheiden.

11. Die Geräteausnutzung

11.1 Allgemeines

Es ist praktisch unmöglich, für eine gewisse Arbeitsdauer eine 100 %-ige Geräteausnutzung zu erreichen. Denn selbst auf einer Baustelle mit Geräten, die sich in maschinentechnisch bestem Zustande befinden und zudem gute Pflege und Bedienung haben, treten unvermeidbare Zeitverluste auf. Sie entstehen durch Witterungseinflüsse und Gerätereparaturen, auch wenn man eine reibungslose Betriebsorganisation voraussetzt.

Die Berücksichtigung der Auswirkungen dieser Zeitverluste erfolgt in der Praxis auf zweierlei Art. Entweder wird die in den USA übliche Methode angewandt, bei der angenommen wird, daß die wirkliche Arbeitsdauer z.B. nur 50 statt 60 min/h beträgt. Oder es wird die auf die 60-Minuten-Stunde bezogene Bodenförderung mit einem Ausnutzungsfaktor multipliziert, wodurch die dann erhaltene praktische Bodenförderung je Stunde in die Kalkulation mit eingefügt werden kann.

In jedem Falle ist also die theoretische Bodenförderung die Ausgangsbasis, d.h. die Grundlage der Kalkulation. Im Rahmen dieser Arbeit wurde deshalb versucht, alle Möglichkeiten ihrer exakten Bestimmung auszuschöpfen. Eine oberflächliche Festlegung dieser Ausgangswerte führt nämlich zu Fehlern, die durch ihre Größenordnung die gesamte Kalkulation sinnlos werden lassen kann.

Eine genaue Kostenermittlung ist aber auch bei den für den gleislosen Betrieb besonders geeigneten Erdbauarbeiten unumgänglich. Hier hat sich nämlich durch die steigende Zahl der Erdbaugeräte in Deutschland, insbesondere der Raupen und Schürfwagen, der Konkurrenzkampf innerhalb der letzten 5 Jahre erheblich verschärft.

Während dieser Zeit sind von den Geräteinhabern natürlich Erfahrungen gesammelt und durch Nachkalkulationen vortreffliche Geräteauswertungsfaktoren sowie die Betriebskosten der firmeneigenen Geräte ermittelt worden. Es ist daher zweckmäßig, auch in Deutschland Preisermittlungsverfahren anzuwenden, die dem Unternehmer eine unmittelbare Übertragung der bereits vorhandenen Werte gestatten.

Bei der hierfür bereits erwähnten Methode, nach der zunächst die theoretische Bodenförderung je 60-Minuten-Stunde abzumindern ist, ergibt sich für den Geräteinhaber außerdem die Möglichkeit, die notwendigen Faktoren laufend zu korrigieren. So kann nicht nur der Gerätefaktor dem jeweiligen Zustand der Maschinen angepaßt werden, sondern es können in Sonderfällen alle Faktoren der Betriebsorganisation Beachtung finden. Diese können sein: schlechte Anfahrwege für Betriebsmittel und Ersatzteile, unerfahrene Bauleiter, betriebsbedingte, ungünstige Zusammenstellungen der Geräte usw..

Ein normaler Leistungswirkungsgrad, wie ihn GABAY [7] zusätzlich ermittelt hat, oder ein menschlicher Einfluß M bzw. ein Gerätebeiwert C_h, wie ihn KÜHN [8] berücksichtigt, können entfallen, wenn ihre mittleren Auswirkungen in den auf der Baustelle ermittelten Untersuchungsergebnissen enthalten sind. Das trifft hier zu, denn im Verlaufe der Untersuchungen sind Fahrer und Geräte häufig gewechselt worden.

Somit besteht der Gesamt-Geräteausnutzungsgrad aus dem Witterungsbeiwert η_{Wi}, dem nach KÜHN bezeichneten Betriebszeitbeiwert η_h, und dem Wartungsbeiwert η_{Wa}.

11.2 Der Witterungsbeiwert η_{Wi}

Der Einfluß der Witterung auf den Betrieb des gleislosen Erdbaues läßt sich nicht mit genügender Sicherheit erfassen. Dennoch muß in Anbetracht der Größe seiner Auswirkungen vor einer Vernachlässigung bzw. oberflächlichen Ermittlung des Witterungsfaktors (η_{Wi}) gewarnt werden.

Nur wenn sandige und rollige Böden vorherrschen, ist bei Niederschlägen keine Arbeitsunterbrechung zu befürchten. Im Gegenteil, häufig ist sogar eine Mehrförderung möglich, weil außer einer verbesserten Kübelfüllung sich die Fahrwege verfestigen (s. Abb. 65, S. 122). Dieses wird auch von KÜHN [8] festgestellt.

Dagegen sammelt sich bei bindigen Böden das Niederschlagswasser in der oberen Schicht und wird durch das ständige Darüberfahren der Geräte mehr und mehr in den Boden eingeknetet, bis der Schlamm den Förderbetrieb unmöglich macht. Die äußerste Grenze hierfür ist nach KÜHN [8] gegeben, wenn die befahrene Bodenschicht etwa den Konsistenzwert 0,6 aufweist. Nach Angaben von LEUSSINK [50], die durch KRIEGER [2] bestätigt wurden, wird diese Grenze etwa erreicht, wenn der Boden soviel an Niederschlagswasser in mm aufgenommen hat, wie seine Plastizitätsziffer beträgt.

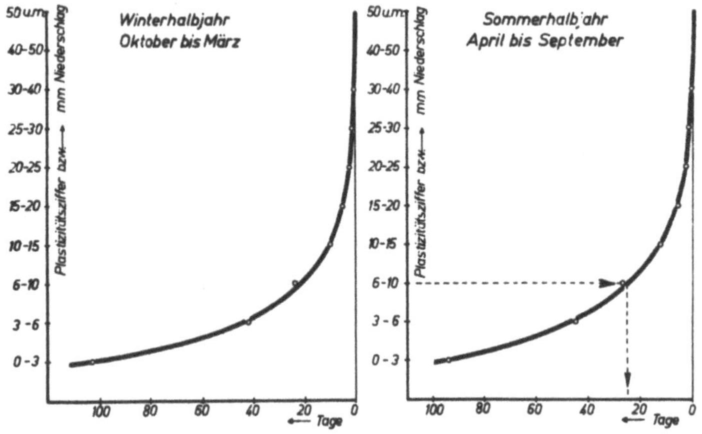

Summenlinie der Niederschläge in Aachen über 10 Jahre

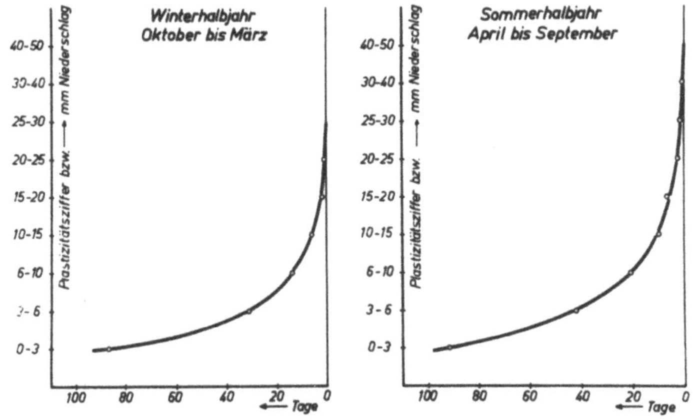

Summenlinie der Niederschläge in Maubach über 10 Jahre

A b b i l d u n g 73

Es ist im Verlauf der Untersuchungen nicht möglich gewesen, diese Hinweise zu überprüfen, weil auf den Versuchsbaustellen der Förderbetrieb meist eingestellt wurde, sobald er sich infolge des Regeneinflusses merklich verschlechterte. Wird diese Angabe aber auch für Niederdruckreifen als richtig vorausgesetzt, so ist durch die in Abbildung 73 (S. 140) dargestellten Häufigkeitsdiagramme eine Bestimmung des Witterungsfaktors möglich, wenn die Plastizitätsziffer des Bodens bekannt ist. Die Häufigkeiten der Niederschlagshöhen innerhalb der Halbjahre sind Mittelwerte über Jahrzehnte, die von Wetterwarten registriert sind. Danach würden sich, z.b. in Aachen, auf bindigem Boden mit einer Plastizitätsziffer von 10 innerhalb eines Sommerhalbjahres etwa 25 Ausfalltage durch Niederschläge ergeben.

Diese Möglichkeit zur Bestimmung der Witterungsfaktoren dürfte jedoch kaum ausgenützt werden; denn wie bereits erwähnt, hat sich eine zeitigere Einstellung des Förderbetriebes allgemein durchgesetzt. Man vermeidet dadurch die Auswirkungen zerwühlter Fahrbahnen und braucht die Förderung nur während der tatsächlichen Regenzeit einschließlich der Zeit für das Abtrocknen bzw. Abschälen der Fahrbahn zu unterbrechen.

Im anderen Falle ist die Bodenförderung bei beginnendem Niederschlag nur kurze Zeit länger aufrecht zu erhalten. (Dies trifft übrigens, wie auch GABAY [7] feststellt, für Reifen und Raupengeräte gleichermaßen zu, so daß die Angabe von KÜHN [8], wonach der Wetterwirkungsgrad der Raupengeräte auf bindigen Böden rund 20 % höher liegt als bei Reifengeräten, noch einer Bestätigung bedarf).

Infolge dieser kurzfristigen Einsatzverlängerung wird jedoch der Boden von Schürfstelle, Fahrbahn und Kippe fast unbefahrbar. Die tiefen Fahrspuren, in denen sich das Wasser ansammelt (Abb. 74), erfordern nach der Regenperiode umfangreiche Planierarbeiten. Während dieser Zeit wird die Förderung erschwert und es entstehen die zusätzlichen Kosten durch Planiergeräte.

Die Wirtschaftlichkeit der frühzeitigen Einstellung des Förderbetriebes bei Niederschlägen kann durch besondere Maßnahmen bedeutend gesteigert werden. Besonders, wenn die Arbeiten während des ungünstigen Winterhalbjahres erfolgen müssen, hängt häufig die Möglichkeit des gesamten Geräteeinsatzes von ihrer Beachtung ab. Sie bestehen z.B. darin, daß

A b b i l d u n g 74
Zerwühlte Fahrwege

an der Entnahmestelle die Aushubsohle in Schürfrichtung eben und geneigt gehalten wird, damit das Wasser in der gewünschten Richtung abfließen kann (flaches Schürfen). Neigungen quer zur Schürfrichtung, wie KRIEGER [2] sie vorschlägt, sind praktisch kaum möglich, weil die Kübel sich beim Schürfen einseitig füllen würden. Das sich ansammelnde Wasser leitet man zweckmäßig in Abzugsgräben, die dann gleichzeitig Zuflüsse aus Gebieten außerhalb der Aushubstelle verhindern würden. Man kann es auch über Pumpensümpfe abfangen.

Die Fahrbahn sollte man bei der Pflege, wie bereits gesagt, gewölbt halten und dabei die Abflußmöglichkeiten des Wassers beachten. Bei plötzlich einsetzendem starken Regen sind die beladenen Schürfwagen anzuhalten und unter Umständen an Ort und Stelle zu entleeren. Der bindige Boden setzt sich sonst fest und beansprucht bei der Entleerung die Entladevorrichtungen ungewöhnlich stark, wenn nicht sogar von Hand entladen werden muß.

Den nach den Niederschlägen besonders großen Schwierigkeiten auf der Kippe kann dadurch begegnet werden, daß vom höher angelegten Mittelteil nach außen hin gearbeitet und die Oberfläche glatt gehalten wird. Der Anteil des abfließenden Wassers ist um so größer, je besser von vornherein die Verdichtung des Bodens ist. Besonders ungünstig wirken sich lang anhaltende leichte Niederschläge aus. Der Förderbetrieb kann zwar noch schleppend aufrechterhalten werden, aber es ist auch für den erfahrenen Bauleiter schwierig, die erhöhten Lohn- und Betriebsstunden sowie den durch die aufweichenden Fahrwege steigenden Kraftstoffverbrauch richtig einzuschätzen und mit der sinkenden Förderung wirtschaftlich zu vergleichen.

In welchem Umfange die Betriebskosten ansteigen können, zeigen die in Abbildung 75a-d dargestellten Tagesmittelwerte von 7 Schürfwagenfabrikaten.

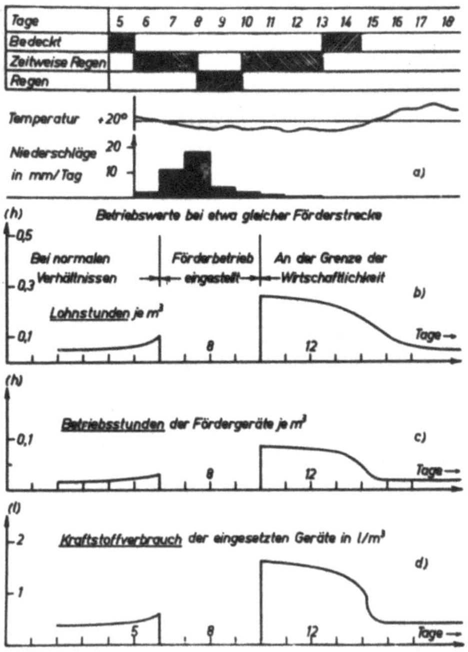

A b b i l d u n g 75a-d

Der Kostenanstieg im gleislosen Erdbau infolge einer Regenperiode

[Mittelwerte von 7 eingesetzten Schürfwagenfabrikaten

(Raupen, Reifen, 2 mot.)]

Gegebenenfalls läßt sich durch die Verwendung derartiger Einzelwerte die erwähnte Wirtschaftlichkeitsgrenze bestimmen und über eine zulässige Verzögerung der Arbeitsspiele auf den Förderbetrieb übertragen. Nach KÜHN [8] darf sich z.B. die Zeit für ein Arbeitsspiel verdoppeln, ohne daß der Förderbetrieb unwirtschaftlich wird.

Die Ausführungen haben gezeigt, wie sehr durch die witterungsbedingten Schwierigkeiten die Kosten der Bodenförderung variieren können. Um aber unübersehbare Wagnisse auszuschalten bzw. Vergleichsmöglichkeiten zu geben, sind die folgenden Witterungsbeiwerte η_{Wi} ermittelt worden und in Tabelle 14 zusammengestellt (s.S. 144).

Sie haben sich einschließlich der Werte von KÜHN auf Baustellen im Nord-Westdeutschen Raum ergeben. Deutlich ist zu erkennen, in welchem Umfange die trockene Jahreszeit, die intuitiv für den gleislosen Erdbau vorgezogen wird, die Witterungsbeiwerte beeinflußt.

<u>T a b e l l e 14</u>

<u>Witterungsbeiwerte</u>

Ermittlungsjahr bzw. Literatur	1952	1954	1955[x]	Mittel	KÜHN 1946 - 1950		GABAY	Road Research
Sommer- oder Winterhalbjahr	Wi.u.So.	So.	So.		$\frac{Wi}{So}$	$\frac{Wi}{So}$	0,95=gut	Wi.u.So.
Beobachtungszeit	1800 h	3500 h	2400 h		4 Jahre	4 Jahre	0,85=brauchbar	2600 h
Boden	sandiger Lehm	tonig Pl.=9	tonig Pl.=15		Hum. Sand	Fetter Lehm	0,75=schlecht	
η_{Wi} für Reifengeräte	0,82	0,84	0,92	0,83	$\frac{0,7}{0,9}$	$\frac{0,6}{0,7}$	$<$0,75=sehr schlecht	0,46
η_{Wi} für Raupengeräte	0,83	0,86	0,92	0,84	rd. 20 % höher als für Reifengeräte			

[x] ungewöhnlich trockener Sommer

11.3 Der Betriebszeitbeiwert η_h

Die Zeit für die laufende Instandhaltung der Geräte ist betrieblich unterschiedlich. Sie hängt ab von der Pflege und Bedienung sowie vom Baujahr der Maschinen, von der Werkstatteinrichtung, der Organisation, der Beschaffung und Vorhaltung von Ersatzteilen usw.

Wie wesentlich die bereits erwähnte Verwendung firmeneigener Erfahrungszahlen ist, ergibt sich aus der Tatsache, daß z.B. die Reparaturzeiten bei 20 Motorschürfwagen verschiedener Fabrikate zwischen 5 und 40 % der brutto verfügbaren Arbeitszeit von insgesamt rund 20000 Stunden lag.

Die mittleren Werte einzelner Baustellen schwankten zwischen 10 und 26 %. Bei den Höchstwerten war die Schwierigkeit der Beschaffung von Ersatzteilen ausschlaggebend. Eine merkliche Abhängigkeit zwischen der Reparaturanfälligkeit und der jeweiligen Bodenart der Baustellen wurde nicht festgestellt. Dagegen fielen Reparaturzeit und -kosten mit steigender Güte des Fahrers. Das Bedienungspersonal der Geräte ist also sorgfältig auszuwählen und zu schulen. Dabei sollten Fahrdiagramme für Vergleichszwecke herangezogen werden.

Wie bereits erwähnt, wird in den USA der Ausnutzungskoeffizient, der sich aber auf das Gerät an sich bezieht [7], allgemein durch das Einsetzen der 50-Minuten-Stunde berücksichtigt, d.h. man führt den Betriebszeitwert konstant mit 50/60 = 0,83 ein.

Zu einem ähnlichen Ergebnis führten diesbezügliche Ermittlungen auf deutschen Baustellen, die sich über 20000 Einsatzstunden erstreckten. Hier ergab sich nämlich ein Gesamtmittelwert für die Reparatur-Ausfallzeiten von 16 % der Einsatzzeit. Der Betriebszeitbeiwert hat somit 0,84 betragen.

Bei den angehängten Schürfwagen wird der Betriebszeitbeiwert im wesentlichen durch den Zustand der Zugmaschine bestimmt, denn die Schürfkübel sind wenig reparaturanfällig. Aber auch die als Zuggerät eingesetzten Raupen haben infolge der geringeren Auslastung (Motorbeanspruchung e $\sim$ 72 %) im Vergleich zu den für Planierarbeiten verwendeten Geräte (e $\sim$ 85 - 90 %) weniger Reparaturen.

Die Auswertung der Unterlagen hat die bisherige Annahme bestätigt, wonach sich die Reparaturzeit der Kübel in etwa mit der Reparaturzeitverminderung der Raupen ausgleicht. Somit entspricht der Betriebszeitbeiwert des Schürfzuges mit genügender Genauigkeit dem der zum Planieren eingesetzten Raupen.

Bei Straßenhobeln schwankt der mittlere Betriebszeitbeiwert zwischen 0,89 und 0,83. Als Mittelwerte hat sich bei 3 Fabrikaten und insgesamt 56000 Betriebsstunden 0,86 ergeben. Dabei ist allerdings zu berücksichtigen, daß es sich bei 2 Fabrikaten um ältere Bauarten handelte.

Aus einem Streubereich, der von 0,70 - 0,90 reichte, wurde der mittlere Betriebszeitbeiwert von Planierraupen mit 0,84 bestimmt. Etwa 75000 Betriebsstunden von Fabrikaten mit 55 PS-Motorleistung und mehr lagen der Auswertung zugrunde. Dabei zeigte sich die Tendenz, daß mit steigender PS-Zahl und damit schwererem Einsatz der Raupen ihre Reparaturanfälligkeit zunimmt.

Beim Einsatz von Erdtransportwagen über einen Zeitraum von insgesamt 120000 Einsatzstunden mußten, wie die Auswertung der Unterlagen ergab, ~ 14 - 23 % der Zeit für Reparaturen aufgewandt werden. Als mittlerer Betriebszeitwert ergab sich 0,82.

Die als Ladegerät in mittleren Böden eingesetzten Hochlöffelbagger erwiesen sich dagegen als nicht so reparaturempfindlich. Bei 56000 Betriebsstunden lagen die Reparaturzeiten zwischen 10 und 20 % der Einsatzzeit.

Somit hat der mittlere Betriebszeitbeiwert mit 0,86 etwas höher gelegen als bei den Erdtransportwagen.

Für Reifenschlepper konnten nur Angaben von Baustellen mit leichten Bodenarten ausgewertet werden. Die mittlere Reparaturzeit betrug bei drei neuwertigen Fabrikaten rund 12 % von insgesamt 12000 Einsatzstunden. Hierzu muß jedoch bemerkt werden, daß allgemein auf Baustellen mit guten Reparaturmöglichkeiten, wie sie z.B. im Braunkohlentagebau vorliegen (kein Warten auf Ersatzteile), die Reparaturzeiten geringer sind als bei den üblichen Einsätzen in der Bauindustrie.

In der folgenden Übersicht (Tab. 15) sind die mittleren Betriebszeitbeiwerte den bisherigen Literaturangaben gegenübergestellt. Obschon sich, wie die Zusammenstellung zeigt, über längere Zeitabschnitte nur geringe Abweichungen ergeben, muß doch mit Nachdruck auf die Dynamik der Reparaturanfälligkeit ein und desselben Gerätes hingewiesen werden. Der Kalkulator sollte deshalb nach wie vor seine firmen- und geräteeigenen Erfahrungszahlen ständig kontrollieren, korrigieren und einsetzen.

Tabelle 15

Angegeben durch:	Verfasser		KÜHN	GABAY	KRIEGER
Gerät:		Mittel	[8]	[7]	[2]
Planierraupe	0,70 - 0,95	0,84	0,85	0,83	--
Reifenschlepper	0,89/0,87/0,87	0,88	--	0,83	--
Straßenhobel	0,83/0,85/0,89	0,86	--	0,83	--
Anhängeschürfwagen	0,85/0,86/0,84	0,85	0,86	0,83	0,88
Motorschürfwagen	0,81/0,90/0,89/0,74	0,84	0,90	0,83	0,87
Erdtransportwagen	0,81/0,86/0,77	0,82	0,80	0,83	0,86
Bagger	0,86/0,85/0,87	0,86	--	0,83	0,86

11.4 Der Wartungsbeiwert η_{Wa}

Die Wartung der Geräte einschließlich der sonstigen Verlustzeiten ($<$ 15 min) differierte bei den einzelnen Geräten nur geringfügig. Die Auswertung der Baustellenangaben über 20000 Einsatzstunden ergab Schwankungen zwischen 5 und 12 % bei einem Mittelwert von 8 %. Untersuchungen in den USA [40] erbrachten 5 - 11 % bei einem Mittelwert von 7 % der brutto verfügbaren Arbeitszeit. Somit ist eine konstante Veranschlagung von 8 % (d.h. η_{Wa} = 0,92) für Reifengeräte, 10 % (η_{Wa} = 0,90) für Raupengeräte und Bagger gerechtfertigt.

11.5 Der Gesamtgeräteausnutzungsgrad η_G

Zusammenfassend ist festzustellen:

Durch den Witterungsbeiwert η_{wi} werden die Einflüsse des Wetters, wie Regen, Schnee, Kälte, nasse Oberfläche usw. berücksichtigt, durch den Betriebsbeiwert η_h dagegen die Zeitverluste infolge der Gerätereparaturen. Schließlich wird mit dem Wartungsbeiwert η_{Wa} noch die Zeit, die für die Unterhaltung der Geräte - Tanken, Abschmieren, kleine

Reparaturen u.ä. - und für sonstige kleinere Verlustzeiten anfällt, in die Kalkulation einbezogen.

Das Produkt dieser Faktoren bezeichnet man als Gesamtgeräteausnutzungsgrad η_G. Es kann gar nicht genug auf die Tatsache hingewiesen werden, daß die Bilanz eines Bauvorhabens ganz entscheidend durch diesen Koeffizienten bestimmt wird. Deshalb sollten ständig alle Möglichkeiten einer Verbesserung der Geräteausnutzung im Vordergrund des Geräteeinsatzes stehen.

In der folgenden Tabelle 16 sind die Mittelwerte der Gesamt-Geräteausnutzung, wie sie sich auf westdeutschen Baustellen ergab, zusammengefaßt. Sie können etwa für die Jahreszeit von April bis November als Vergleichswerte dienen. Der Einfluß der Betriebsorganisation, wie bereits unter 11.1 beschrieben, ist jeweils gesondert zu berücksichtigen.

GABAY [7] kommt bei Motorschürfwagen auf andere Art zu einer tatsächlich verfügbaren Arbeitszeit von 2/3 bzw. 0,66 der Bruttoarbeitszeit. Nach seiner Angabe deckt sie sich gut mit den Ergebnissen vom Highway-Research-Board der USA aus dem Jahre 1949.

T a b e l l e 16

Gerät	Becken	η_{Wi}	η_h	η_{Wa}	η_G
Planierraupen	sandig	0,93	0,84	0,90	0,74
	bindig	0,84	0,84	0,90	0,63
Reifenschlepper	sandig	0,98	0,88*	0,92	0,79
Straßenhobel	sandig	0,98	0,86	0,92	0,78
	bindig	0,83	0,86	0,92	0,66
Anhängeschürfwagen	sandig	0,97	0,85	0,90	0,74
	bindig	0,84	0,85	0,90	0,84
Motorschürfwagen	sandig	0,97	0,84	0,92	0,75
	bindig	0,83	0,84	0,92	0,63
Erdtransportwagen	sandig	0,98	0,82	0,92	0,74
	bindig	0,83	0,82	0,92	0,63

(* nur bei neuwertigen Geräten)

11.6 Der Schürfkübelinhalt in m^3 (fest)

Das Fassungsvermögen der Schürfkübel in m^3 (fest) wird für bestimmte Bodenarten i.a. aus den Nachkalkulationen errechnet und ist nach Seite 125 auf ähnliche Verhältnisse übertragbar. Ist über die anzunehmende Füllung jedoch nichts bekannt oder fehlen Vergleichswerte, so kann man diese Angaben mit Hilfe der Abbildung 76 nach KÜHN [8] ermitteln. Für die Umrechnung des jeweiligen Kübelinhaltes in m^3 (fest) läßt sich die Bodenauflockerung der einschlägigen Literatur entnehmen.

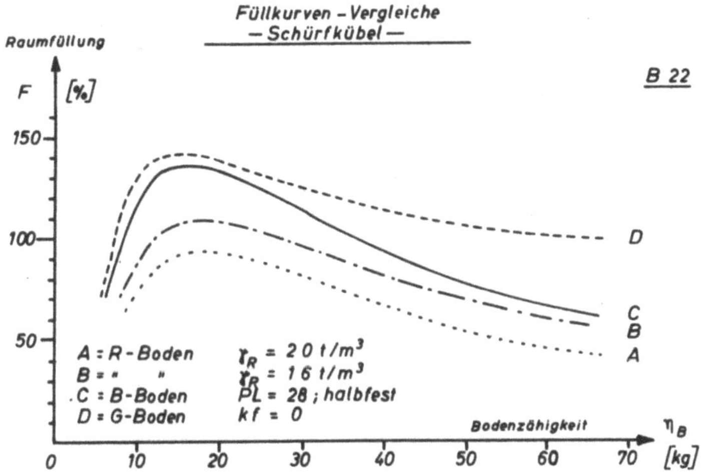

A b b i l d u n g 76

12. Die Hauptbetriebsstoffe und die Gerätekosten

12.1 Allgemeines

Bei der üblichen Kalkulation sind über die Annahmen für die technische Durchführung des Bauvorhabens, der Baumethode, des Zeitaufwandes für die jeweiligen Positionen des Leistungsverzeichnisses usw. die Kosten der Teilleistungen zu ermitteln. Sie lassen sich aufgliedern in die Herstellungskosten und die allgemeinen Geschäftskosten.

Im Rahmen dieser Arbeit interessieren zur Abgrenzung der wirtschaftlichen Verwendungsbereiche der Geräte nur die Betriebsstoff- und Gerätekosten der untersuchten Fabrikate. Deshalb sind ihre Mittelwerte an Hand von Untersuchungen und Nachkalkulationen festgestellt worden.

12.2 Die Hauptbetriebsstoffe

Nach den Begriffsbestimmungen [51] gehören zu den Betriebsstoffen alle Stoffe, die zum Betrieb der auf der Baustelle eingesetzten Geräte notwendig sind. Hierzu gehören z.B. Dieselöl, Benzin, elektrischer Strom, Kohlen, Schmiermittel. Sie werden im gleislosen Erdbau zweckmäßig für jedes einzelne Erdbaugerät vorgeschätzt. Dabei ergibt sich z.B. bei den untersuchten Geräten der Hauptfaktor aus dem Dieselölverbrauch. Er ist deshalb näher erfaßt und insbesondere bei den Motorschürfwagen durch den eingebauten Schaltkolbenzähler (Abb. 57, Seite 108) mit angeschlossenem Registriergerät ermittelt worden.

Bei der Auswertung der registrierten Ergebnisse zeigte sich, daß eine Aufteilung des Kraftstoffverbrauches in einen konstanten und variablen Anteil und dadurch eine Zuordnung im Sinne der unter 2.4 beschriebenen Aufgliederung des Arbeitsspieles nicht mit genügender Sicherheit möglich ist.

Dagegen läßt der durchschnittliche Kraftstoffverbrauch des gesamten Arbeitsspieles Rückschlüsse auf die mittlere Motorbeanspruchung während des Geräteumlaufes zu. Seine Ermittlung in Abhängigkeit von verschiedenen Bodengewinnungsklassen in Abhängigkeit von verschiedenen Bodengewinnungsklassen bestätigt die von KÜHN [8] gemachten Feststellungen, wonach bei Motorschürfwagen die e-Werte der Motorbeanspruchung bei verschiedenen Bodenklassen keine nennenswerten Unterschiede aufwiesen.

Die Auswirkungen von Niederschlägen (Abb. 75, Seite 143) und anderweitiger Änderungen der Baustellenverhältnisse, insbesondere des Gesamtfahrwiderstandes auf den Kraftstoffverbrauch sind von einer Größenordnung, die exakte Ermittlungsverfahren nicht sinnvoll erscheinen läßt.

Somit dürften die in der Tabelle 17 angegebenen Werte des durchschnittlichen Dieselölverbrauches in der Genauigkeit ausreichend sein. Ebenso wurde der anderweitige Betriebsstoffverbrauch aus den Nachkalkulationen in Verbindung mit eigenen Messungen festgestellt.

12.3 Die mittleren Gerätekosten/h

Durch die Vorhaltung des betriebsnotwendigen und für die Baudurchführung erforderlichen Gerätes entstehen Vorhalte- oder Gerätekosten. Sie umfassen die Kosten für

T a b e l l e 17

Betriebsstoffverbrauch und Gesamtkosten/h
(Mittelwerte aus den Jahren 1953 - 55)

G e r ä t			Betriebsstoffverbrauch				Kosten/h 1) 2)				1) Nicht unbedingt nach der Geräteliste [52] 2) Betriebsstoffkosten ergeben sich aus dem Verbrauch 3) Ohne Grund- und Schlußreparatur 4) Einschl. Betriebsstoffkosten
Bezeichnung	Motorleistung	Fassungsvermögen	Diesel	Benzin	Motoröl	Schmierstoffe	Abschreibung, Verzinsung u.sonst.	Reparatur 3)	Löhne	Gesamtkosten/h 4)	
	~ PS	m^3	l/h	l/h	l/h	kg/h	DM/h	DM/h	DM/h	DM/h	Bemerkungen
Planierraupe	50	-	6,9	0,22	0,18	0,02	5,0	3,8	4,5	16,4	
	75	-	9,0	0,34	0,38	0,02	7,8	5,7	4,5	23,5	
	100	-	15,0	0,48	0,38	0,03	10,6	8,4	4,8	31,5	
	140	-	16,8	0,61	0,71	0,05	14,6	14,7	4,8	39,5	
	> 140	-	19,0	0,70	0,80	0,11	25,4	19,1	5,2	58,8	
Reifenschlepper	200	-	24,0	-	0,75	0,02	22,0	5,8 x	3,3 x	42,5	x nicht auf Baustellen der Bauindustrie
Straßenhobel	100	-	8,9	0,25	0,29	0,05	15,0	3,6	3,7	30,0	
Anhängeschürfwagen und Raupe	100	< 7,5	15,7	0,48	0,50	0,04	14,0	7,9	4,8	34,8	Je nach Gewinnungsklasse Kosten für die Schubraupe anteilig zuschlagen
	140	< 10	16,5	-	0,50	0,03	16,0	12,1	4,8	43,5	
Motorschürfwagen 1 mot.	180	< 10	19,4	0,50	0,70	0,08	26,5	17,5	5,2	57,8	Ohne Anteile der Schubraupe
	240	< 15	24,0	0,60	0,80	0,05	28,5	18,0	5,2	62,3	
	300	< 15	26,5	0,72	1,10	0,12	31,0	19,0	5,9	72,5	
2 mot.	400	< 20	47,6	0,40	1,10	0,07	48,0	30,0	5,9	102,0	Keine Schubraupe
Schürfraupe	120	6,5	18,0	-	0,90	0,03	31,0	21,0	5,9	66,8	Keine Schubraupe
Erdtransportwagen	140	6,0	9,0	-	0,50	0,01	12,0	5,5	5,1	28,6	
Bagger (Hochlöffel)	(M 152)	1,5	8,0	0,06	0,40	0,06	11,0	12,1	9,9	37,2	

die Abschreibung und Verzinsung der Geräte, die Lohn- und Stoffkosten für Verpackung, Auf-, Um- und Abladen, für den An- und Abtransport der Geräte, für den Auf- und Abbau und für das Umsetzen der Geräte,

die Fracht- und Fuhrkosten für den An- und Abtransport der Geräte,

die Kosten der laufenden Reparaturen, der Schlußreparaturen sowie angemessene Anteile an den Grundreparaturen.

In der Praxis legt man bei kleinen Bauvorhaben die Abschreibungs- und Verzinsungssätze im allgemeinen nach der "Baugeräteliste" fest. Bei größeren Bauvorhaben dagegen werden sie neuerdings an Hand der Nachkalkulationen unter Berücksichtigung der Verhältnisse und der Kostenlage des Unternehmerbetriebes ermittelt, wobei man dann z.B. den Ansatz für Wagnis und Gewinn, die Annahme der Lagerhaltungskosten und der Vorhaltung von Ersatzteilen, den Ansatz für allgemeine Geschäftskosten der Erfahrung nach berücksichtigt. Diese Möglichkeit ist seit 1951 auch bei öffentlichen und mit öffentlichen Mitteln finanzierten Aufträgen gegeben. Das trifft nach NASCHOLD [52] übrigens auch für Gerätemieten zu.

Die weiteren Faktoren der Gerätekosten wie An- und Abtransport, Fracht und Fuhrkosten, Schlußreparaturen, Anteile der Grundreparaturen usw., kann man bei Kenntnis der Baustellenverhältnisse und der Einsatzdauer in engen Grenzen festlegen. Nur die Kosten für die laufende Instandhaltung der eingesetzten Geräte lassen sich nicht vorkalkulieren, weil die bereits bei der Festlegung des Betriebszeitbeiwertes (s. 11.3) erwähnten Schwierigkeiten bestehen. Man setzt daher in Fällen, in denen aus Nachkalkulationen keine geräteeigenen Werte zur Verfügung stehen, als Reparaturkosten i.a. 60 % der ungekürzten Abschreibungs- und Verzinsungsbeträge ein. Dabei werden die Kosten der laufenden Instandhaltung der Geräte mit 1/3 dieses Betrages veranschlagt. Dieser Satz gilt dann einheitlich für alle Maschinen und Geräte der Baustelle.

Diese Annahme ist besonders bei den Großgeräten des gleislosen Erdbaues korrekturbedürftig. Aus diesem Grunde sollte man die Kosten der laufenden Geräteinstandhaltung jeweils aus den Nachkalkulationen ermitteln. Dadurch können sie dem maschinentechnischen Zustand der zugehörigen Geräte angepaßt werden.

Um nun einen Überblick über die Größenordnung der Instandhaltungskosten zu erhalten und zugleich dem Unternehmer die Möglichkeit der wirtschaftlichen Überprüfung des maschinentechnischen Zustandes seiner Geräte zu geben, sind aus zahlreichen Nachkalkulationen verschiedener Firmen Mittelwerte der Kosten für die laufenden Reparaturen errechnet worden (s. Tab. 17, Seite 151).

Unter demselben Gesichtswinkel wurden die ebenfalls in die Tabelle 17 eingetragenen Gerätekosten ermittelt. Dabei konnte festgestellt werden, daß bei den angegebenen Flachbaggergeräten die stündlichen Vorhaltekosten/PS zwischen 0,27 und 0,52 DM lagen.

13. Die wirtschaftlichen Verwendungsbereiche der Flachbagger

13.1 Allgemeines

Aus den bisherigen Ausführungen geht hervor, daß sich in der Bauindustrie und speziell im gleislosen Erdbau die Preisermittlung im Gegensatz zur Kostenermittlung in stationären Betrieben überwiegend auf Erfahrungszahlen aufbaut. Zwar können sich Unternehmer an die Erfahrungswerte anderer anlehnen oder aber auf Literaturangaben stützen, von denen sie annehmen, daß sie auf Erfahrungen beruhen. Aber derartige Kalkulationen bleiben immer gewagt, zumal häufig richtige Werte unter falschen Voraussetzungen eingesetzt werden.

13.2 Die wirtschaftlichen Verwendungsbereiche

Unter der Voraussetzung, daß bei den untersuchten Flachbaggergeräten der übliche und in den Grundzeitdiagrammen angegebene Arbeitsgang angenommen und zudem der Gesamtgeräteausnutzungsgrad berücksichtigt wird, lassen sich über die Gesamtkosten der Geräte die durch ihren Einsatz entstehenden Förderkosten/m^3 bestimmen. Sie sind nicht identisch mit den endgültigen Förderkosten; denn sie umfassen nur eine, und zwar die wesentlichste Position der Preisermittlung.

Allerdings sind diese Geräteförderkosten für den wirtschaftlichen Verwendungsbereich des Gerätes maßgebend. Trägt man nämlich ihre Größe in der aus der Abbildung 77 ersichtlichen Weise auf, so zeichnen sich durch die Überschneidungen der entstehenden Kurven die jeweiligen Grenzen für den wirtschaftlichen Einsatz ab. Die sich daraus für die einzelnen Gerätearten ergebenden Grenzen der wirtschaftlichen Förderweiten stimmen mit den in Fachkreisen intuitiv angenommenen gut überein.

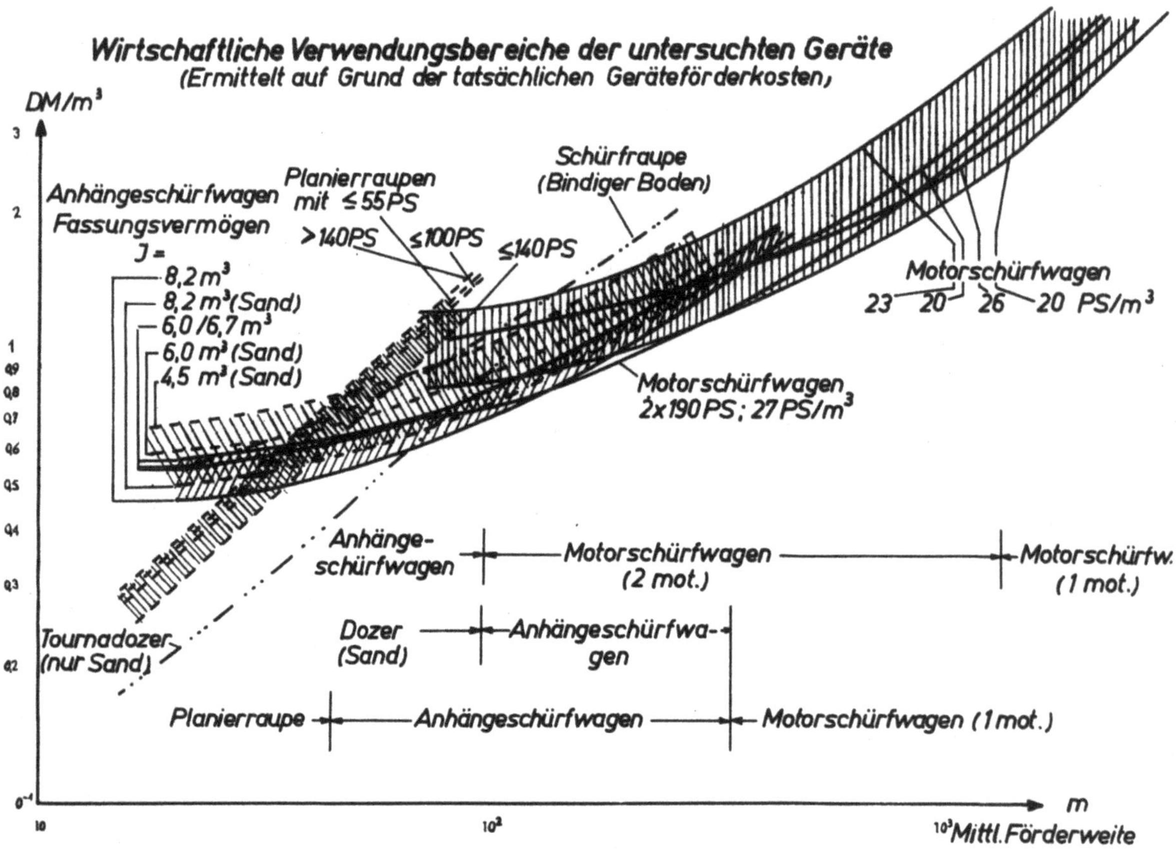

Abbildung 77

14. Der Einfluß der vertikalen Schwingungen auf Mensch und Maschine

14.1 Allgemeines

Die Untersuchung des Einflusses der Fahrbahnwelligkeit führt zu einem schwingungstechnischen Problem. Es handelt sich um erzwungene Schwingungen, die entstehen, weil das Fahrgestell den Unebenheiten der Förderwege - soweit es nicht springt - folgt, während Fahrgestell und Aufbau durch die Reifen und der Fahrer durch seinen Sitz abgefedert sind. Ihre Auswirkungen können ergeben:

* Gesundheitliche Schäden beim Fahrer

* Die bereits erwähnte verminderte Förderung

* Fehlschichten infolge zusätzlicher schwieriger Reparaturen.

14.2 Stand der Forschung

Wird die Eigenfederung des Fahrers vernachlässigt und die Schwingungsdämpfung infolge des Werkstoffes der Reifen einer hydraulischen gleich gesetzt, so entspricht das Ersatzschema der Abbildung 78 etwa den Gegebenheiten.

Demnach sind Aufbau und Reifenfederung einem Federpendel mit oszillierendem Aufhängepunkt gleichzusetzen.

Die hierfür bekannten Schwingungsgleichungen einschließlich einiger Reibungswerte legt auch **HAAK** [31] bei seiner theoretischen Betrachtung über die günstigste Gestaltung der Schleppersitzfederung zugrunde. Seine Folgerungen bezüglich der Ausbildung der Ackerschleppersitze zur Schonung der Fahrer lassen sich weitgehend auf die bei Reifenschleppern vorliegenden Verhältnisse übertragen.

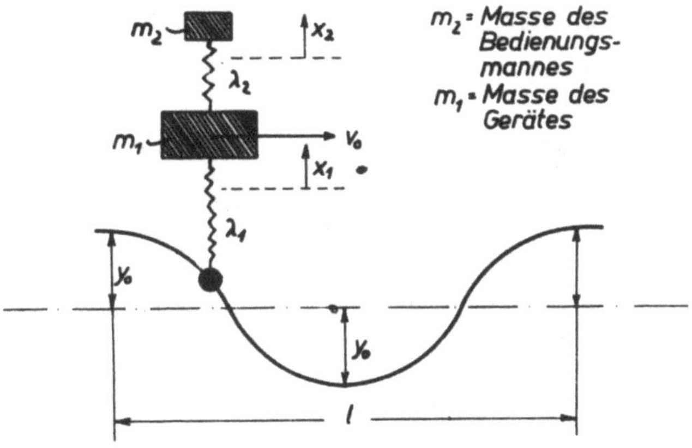

A b b i l d u n g 78
Ersatzschema für Schwingungsvorgänge bei Motorschürfwagen (Fahrerkörper starr angenommen)

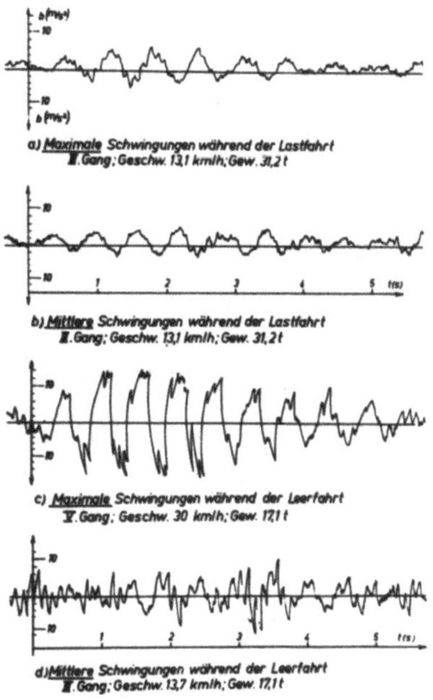

A b b i l d u n g 79
Vertikale Schwingungen eines TS 200 während der Fahrt auf einer schlecht gepflegten Fahrbahn

Die viel vertretene Meinung, daß die Sitzfederung die Vertikalschwingungen genügend dämpfen kann, trifft nach den Ausführungen von HAAK [38] nicht zu. Selbst bei einer Sitzfrequenz (weichste Federung), die gerade noch konstruktiv - insbesondere wegen der Hebelbetätigung - möglich ist, ergibt sich noch eine Verbindung der beiden Schwingungssysteme, die innerhalb der auftretenden Frequenzen eine merkliche Verminderung der Schwingungszuschläge nicht zuläßt.

In den zur Diskussion stehenden Fällen lassen sich somit die an den Schürfwagenaufbauten ermittelten Schwingungen, wie sie z.B. die Abbildung 79 (S. 155) zeigt, mit genügender Genauigkeit auf die Fahrer übertragen.

Die Darstellung 79c ist ihrer Form nach eine periodisch gedämpfte Schwingung. Sie entstand durch ein Einzelhindernis und ließe theoretische Schlüsse an Hand der hierfür entwickelten Gleichungen zu. Dieser sehr seltene Fall und die niemals zutreffende Voraussetzung des sinusförmigen Verlaufes der Schwingbewegung lohnen diesbezügliche Betrachtungen jedoch nicht.

Vielmehr stellen die auftretenden Erschütterungen unharmonische Schwingungsvorgänge dar. Sie setzen sich (s. Abb. 78) nach der Fourier-Analyse aus einer Grundschwingung mit überlagernden Oberschwingungen zusammen. Bei einer Übertragung dieser Schwingungen auf die Bewegung des Fahrers ist jedoch zu beachten, daß der Fahrer mit seinen Arm- und Beinmuskeln diesem entgegenwirkt. Häufig entsteht beim Hochschnellen des Fahrers eine sogenannte Wurfschwingung.

Ein Maßstab für die Bewertung der Erschütterungen ist durch das Schwingempfinden des Menschen gegeben. Umfangreiche Forschungsarbeiten auf diesem Gebiete führten durch ZELLER [32] zu den in der Abbildung 80 dargestellten Festlegungen die eine gute Sicherheit ergeben sollen.

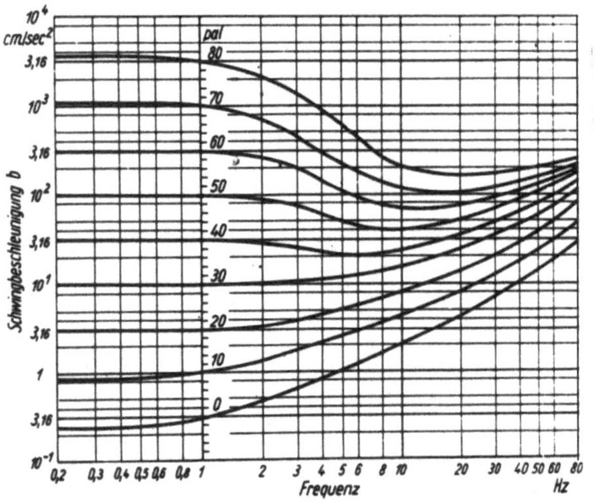

A b b i l d u n g 80

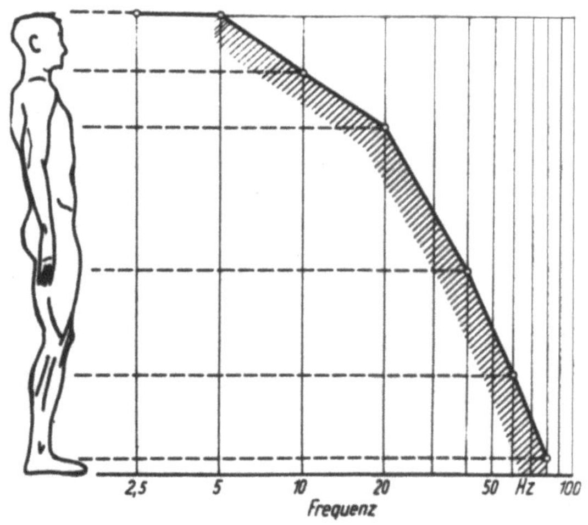

A b b i l d u n g 81

Weiter hat BÉKÉSY [3] die Schwingleitfähigkeit des stehenden Menschen für verschiedene Frequenzen untersucht, deren Werte sich nach seinen Angaben beim sitzenden Menschen unwesentlich ändern. Aus dem Ergebnis, das die Abbildung 81 zeigt, ist in Verbindung mit den Diagrammen der Abbildung 79, Seite 155, zu erkennen, daß die auftretenden Grundschwingungen immer im sogenannten Niederfrequenzgebiet von 1 - 6 Hz liegen. Daher wirken nach ZELLER die Schwingungen unvermindert auf die Gleichgewichtsorgane des Kopfes. MÜLLER [34] nimmt dagegen verschiedene Sinnesorgane des Körpers je nach den Frequenzen der Erregung für die Schwingempfindung an. ZELLER gibt mit der Darstellung der Abbildung 80 eine Skala für die Schwingempfindungsstärken in pal.

Die Verbindung zwischen der Schwingbeschleunigung und dem Schwingempfinden des Menschen bei verschiedenen Frequenzen wird durch die in Abbildung 82 wiedergegebene Aufgliederung hergestellt.

0 - 10	pal	Wahrnehmungsschwellen je nach Körperlage
10 - 20	"	allgemeine Wahrnehmung
20 - 30	"	für den Menschen in Gebäuden unzulässige Verkehrserschütterungen
30 - 40	"	Schwingungen in ruhig laufenden Fahrzeugen, schwere Maschinen- und Verkehrserschütterungen
40 - 50	"	Schwingungen in Fahrzeugen, Personenfahrstuhlbeschleunigungen
50 - 60	"	für den Menschen ohne Störung kurzzeitig ertragbar, schwere Erschütterungen in Fahrzeugen
60 - 80	"	für den Menschen physische Störungen, Seekrankheit, Tastschmerz bei hohen Frequenzen.

A b b i l d u n g 82

14.3 Die Auswertung der Vertikalschwingungen und ihre Auswirkungen auf die Bodenförderung

Mit dem angeführten Stand der Wissenschaft über die Grenzwerte des menschlichen Schwingempfindens ist nunmehr eine kritische Untersuchung der registrierten Erschütterungen möglich. Eine Zusammenstellung der Ergebnisse gibt die Tabelle 18.

Tabelle 18

Auswertung der Vertikalschwingungen von Motorschürfwagen

Abb. Nr.	Frequenz Hz	Schwingungs-beschleunigung b cm/s^2	Schwingempfin-dungsstärke in pal	Auswirkungen
79 a	1,5	$7 \quad 10^2$	62	Führt zu physischen Störungen
79 b	1,5	$5{,}8 \quad 10^2$	60	ohne Störung kurzzeitig tragbar
79 c	2	$14 \quad 10^2$	72	An der Grenze der Erträglichkeit
79 d	2	$9 \quad 10^2$	64	Führt zu physischen Störungen

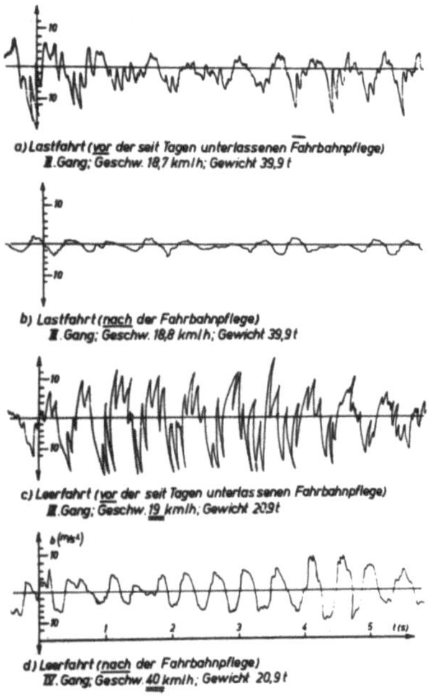

Abbildung 83

Vertikale Schwingungen eines TS 300 während der Fahrt

Die jeweiligen Auswirkungen auf den menschlischen Körper sind ein Maßstab für seine Beanspruchung. Ihre praktische Gültigkeit wird durch die Ausführungen in 9.42 in Verbindung mit der Abbildung 64 (S. 121) nachgewiesen.

In der Abbildung 83 sind die registrierten vertikalen Schwingungen des TS 300 während der Last- und Leerfahrt teils vor und nach der Fahrbahnpflege gegenübergestellt. Dabei ist besonders zu betonen, daß sich die Geschwindigkeiten auf ebener bzw. nicht planierter Fahrbahn wie 2 : 1 verhalten. Im übrigen sprechen die Diagramme für sich.

Ihre Untersuchung nach ZELLER läßt auf nachstehende Schwingempfindungsstärken schließen.

Abb. Nr.	Geschwindigkeit [km/h]	pal	Auswirkungen
83 a	18,7	72	Führt zu physischen Störungen
83 b	18,8	56	Ohne Störungen kurzfristig tragbar
83 c	19	74	An der Grenze der Erträglichkeit
83 d	40	60	Ohne Störungen kurzfristig tragbar

Selbstverständlich ist das Schwingempfinden aller Menschen verschieden. Deshalb können alle Angaben nur Mittelwerte aus einer statistischen Verteilung sein, deren Verlauf der Gaußschen Fehlerkurve ähnelt. Dennoch werden sich viele Fahrer, die häufig auf nicht planierten Förderwegen eingesetzt werden, gegen Berufskrankheiten nicht schützen können, auch wenn sie statt des Leibgurtes ein Korsett verwendeten.

Eine Folge des menschlichen Unvermögens, auf schlecht gepflegter Fahrbahn hohe Geschwindigkeiten zu fahren, ist die verminderte Bodenförderung. So wurden nach Abbildung 64 (Adapter 1 : 3) innerhalb von 2,5 Stunden bei einer Umlaufstrecke (s) von

$$\frac{12 \cdot 5000}{3 \cdot 22} = 910 \text{ m}$$

22 Spiele gefahren.

Einige Tage später ist das Diagramm der Abbildung 84 (S. 160) aufgenommen worden. Der Transportweg war planiert, aber sonst lagen, insbesondere bei den Schubraupen, gleiche Baustellenverhältnisse vor.

Bemerkenswert sind hierbei die hohen Rückfahrgeschwindigkeiten (Adapter 1 : 2).

Durch die Auswertung des Diagrammes erhält man 59 Spiele in 7 1/4 Stunden bei einer Umlaufstrecke (s) von

$$\frac{26 \cdot 5000}{2 \cdot 59} = 1100 \text{ m.}$$

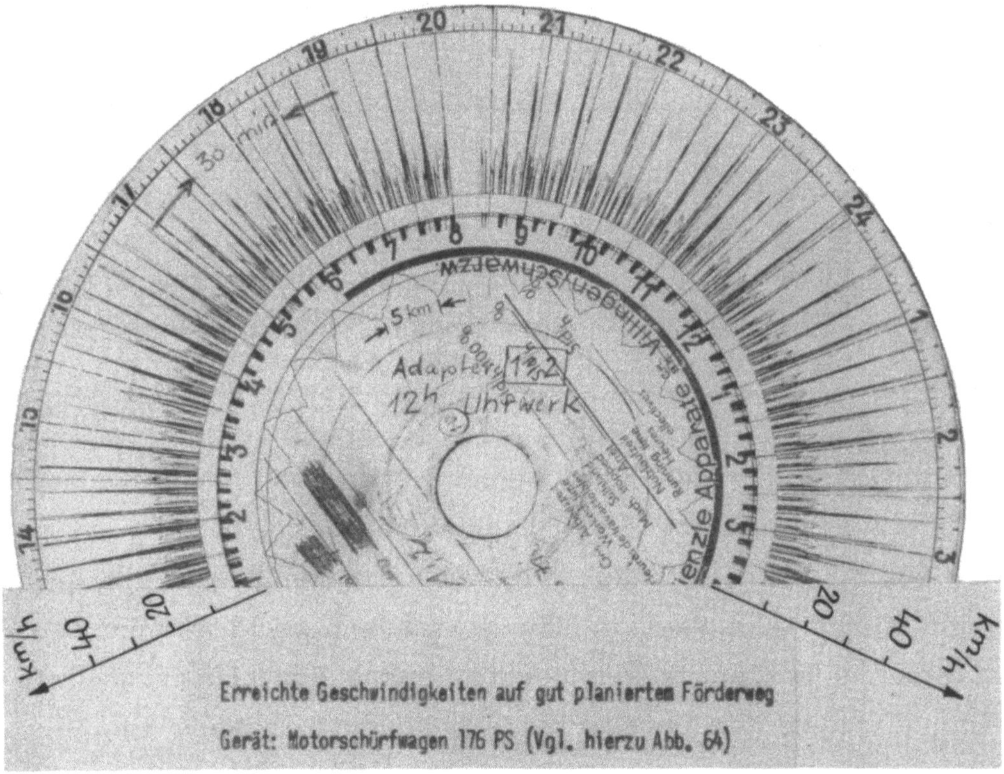

A b b i l d u n g 84

Vergleicht man nun bei einem Kübelinhalt von 5 m^3 (fest) und (wie durchgeführt) 3- bzw. 2-schichtigem Betrieb die Förderungen je Tag, so ergeben sich:

Bei nicht planiertem Weg:

$$\frac{22 \cdot 24 \cdot 0{,}91 \cdot 5}{2{,}5} = 960\ m^3 \cdot km/Tag$$

und bei planiertem Weg

$$\frac{59 \cdot 24 \cdot 1{,}1 \cdot 5}{7{,}25} = 1075\ m^3 \cdot km/Tag.$$

Die Mehrförderung nach Einsatz eines Straßenhobels betrug somit 12 %, obschon die günstigere 3-schichtige Arbeitsweise (s. 15.2) bei nicht planierter Fahrbahn stattfand. Außerdem wurde die größere Reparaturanfälligkeit sowie die schnellere Ermüdung der Fahrer nicht berücksichtigt. Letztere mag ein Grund dafür sein, daß die Auswertung von Tages-Rapporten Förderanstiege bis zu 20 % ergab.

Häufige Achsbrüche, Risse am Schwanenhals bzw. an den Seitenholmen der Schürfwagen sind bei Einsätzen mit ungünstigen Fahrbahnverhältnissen typische Schäden. Ihre tieferen Ursachen liegen in den infolge der vertikalen Schwingungen auftretenden Schwell- bzw. Wechselbeanspruchungen. Dadurch ermüdet das Material vorzeitig und geht unter der um die Beschleunigungskräfte vergrößerten Last zu Bruch.

So betrug z.B. die max. Achslast beim TS 200 in Abbildung 79 (S. 155) während der Lastfahrt:

$$\frac{3100}{2} + \frac{31000}{2 \cdot 9{,}81} \cdot 6 = 15{,}5 + 9{,}5 = 25 \text{ t.}$$

Bei der Leerfahrt war die vordere Achslast (max)

$$17100 \cdot 0{,}65 + \frac{17100 \cdot 0{,}65}{9{,}81} \cdot 16 = 11{,}1 + 18{,}1 = 29{,}2 \text{ (t).}$$

Somit war die vordere Achslast während der Leerfahrt bei 30 km/h um 88 % höher als im beladenen Zustand, außerdem lag eine Wechselbeanspruchung vor, weil

$$11{,}1 - 1{,}13 \cdot 16 = - 7{,}0 \text{ (t).}$$

Ebenso betrug nach Abbildung 83 (S. 158) beim TS 300 die vordere Achslast beladen:

$$\frac{39900}{2} + \frac{39900}{2 \cdot 9{,}81} \cdot 10 = 19{,}95 \pm 20{,}35 = 40{,}3 \text{ (t)}; \; - 0{,}4 \text{ (t)},$$

bei planiertem Weg: $19{,}95 + 2{,}03 \cdot 3 = 26$ (t);

leer: $$20900 \cdot 0{,}67 + \frac{20900 \cdot 0{,}67}{9{,}81} \cdot 18 = 14 \pm 25{,}7 = 39{,}7 \text{ (t)}; \; - 11{,}7 \text{ (t)};$$

bei planiertem Weg: $14 + 1{,}43 \cdot 9 = 26{,}8$ (t).

Wechselbeanspruchungen lagen somit bei nicht planiertem Weg während der Last- und Leerfahrt vor. Auf planierter Fahrbahn blieb die Belastung in schwellendem Bereich, obschon die Leerfahrt mit 40 km/h doppelt so hoch war wie die auf nicht planiertem Weg.

Noch größeren Beanspruchungen sind Fahrer und Gerät dann ausgesetzt, wenn die vertikalen Schwingungen sich aufschaukeln. Dies geschieht bei

Fahrbahnunebenheiten, die in rhythmischer Folge vorhanden sind, wie z.B. die Querfugen der Autobahn.

Benutzt man längere Zeit bei fehlender Fahrbahnpflege dieselbe Fahrspur, so bilden sich leicht gleichförmige Bodenwellen aus. Bei derartigen Vertikalschwingungen haben die Fahrer nur geringe Möglichkeiten, die Maximalschwingungen in Grenzen zu halten, wenn sie gleichzeitig tragbare Transportgeschwindigkeiten erreichen wollen. Sobald nämlich der Aufschaukelungsvorgang die kritische Grenze erreicht hat, kann man ihn nur durch eine starke Geschwindigkeitsverminderung beenden. Der Kulminationspunkt wird jedoch erst während der Bremszeit überschritten, so daß Schwingungen entstehen mit Ausmaßen, wie sie die Abbildung 85 zeigt. Sie sind auf einer Baustelle registriert worden, die weite Transportentfernungen aufwies. Die Fahrbahn lag dabei auf sehr locker gelagertem, fast gleichförmigem Sand, so daß ein Ausweichen aus der Fahrspur die Manöverierunfähigkeit des Schürfwagens nach sich zog.

Auffallend ist die völlig andere Charakteristik dieser Schwingungen im Vergleich zu den in Abbildung 79 und Abbildung 83 dargestellten. Besonders eine Gegenüberstellung mit der Abbildung 79c läßt die verschiedenen Ursachen dieser Schwingungen erkennen. So zeigt die Abbildung 79c

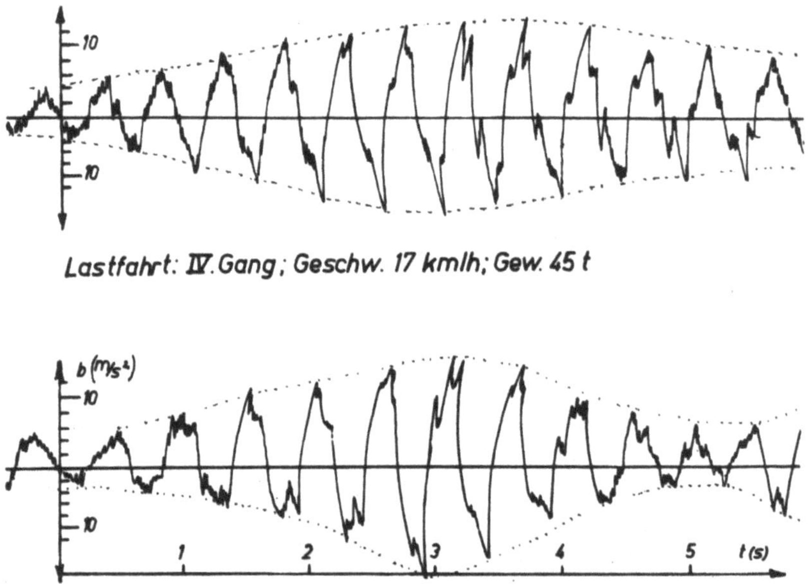

A b b i l d u n g 85
Vertikale Schwingungen eines DW 21 während der Fahrt auf sandigem Förderweg

Schwingungen, die durch ein Einzelhindernis entstanden sind. Sie erreichen sehr rasch ihren Größtwert und klingen dann langsam ab. Dagegen sind auf Abbildung 85 Schwingungen ersichtlich, die, wie bereits gesagt, aus einem typischen Aufschaukelungsvorgang herrühren. Hier werden die Amplituden der Vertikalschwingungen nur langsam (aber stetig) größer. Durch ihr ebenso langsames Abklingen ergibt sich ein sogenannter Schwingungsbauch.

Diese Schwingungen erreichten besonders auch bei der Lastfahrt mit $\sim$ 2 g ungewöhnliche Werte.

Eine Auswertung nach ZELLER ergibt für die Last- bzw. Leerfahrt:

71 pal, d.h. für den Menschen physische Störungen

bzw.

76 pal, d.h. an der Grenze der Erträglichkeit.

Außerordentlich hoch waren die Materialbeanspruchungen bei der Lastfahrt. Die vordere Achslast betrug zum Beispiel:

$$22500 + \frac{22500}{9,81} \cdot 16 = 22,5 \pm 36,6 = 59,1 \text{ (t)}; \; - 14,1 \text{ (t)},$$

d.h., die vordere Achse war während der Lastfahrt teilweise um 162 % stärker belastet als im normalen Zustand. Bei der Leerfahrt betrug die Mehrbelastung

$$\frac{9,81 + 18}{9,81} \sim 190 \%.$$

Den Belastungen dieser Größenordnung waren die an sich robusten Geräte nicht gewachsen. Abbildung 86 zeigt z.B. einen Holmriß, der die Größe der auftretenden Biegemomente ahnen läßt. Ein derartiger Bruch (der in dieser Form äußerst selten ist) kam bei zwei weiteren ausgetauschten Holmen an der gleichen Stelle vor.

Die Ursache dürfte neben der Wechselbeanspruchung in dem sich sprunghaft änderndem Trägheitsmoment des Holmes wie auch in den durch das Schweißen entstandenen Gefügestörungen zu suchen sein.

Ferner traten größere Reifenschäden auf, die in diesem Umfange auch als außergewöhnlich angesprochen werden können (z.B. Platzen). Man ersetzte daher die normal mit 24 Einlagen versehenen Reifen durch stärkere.

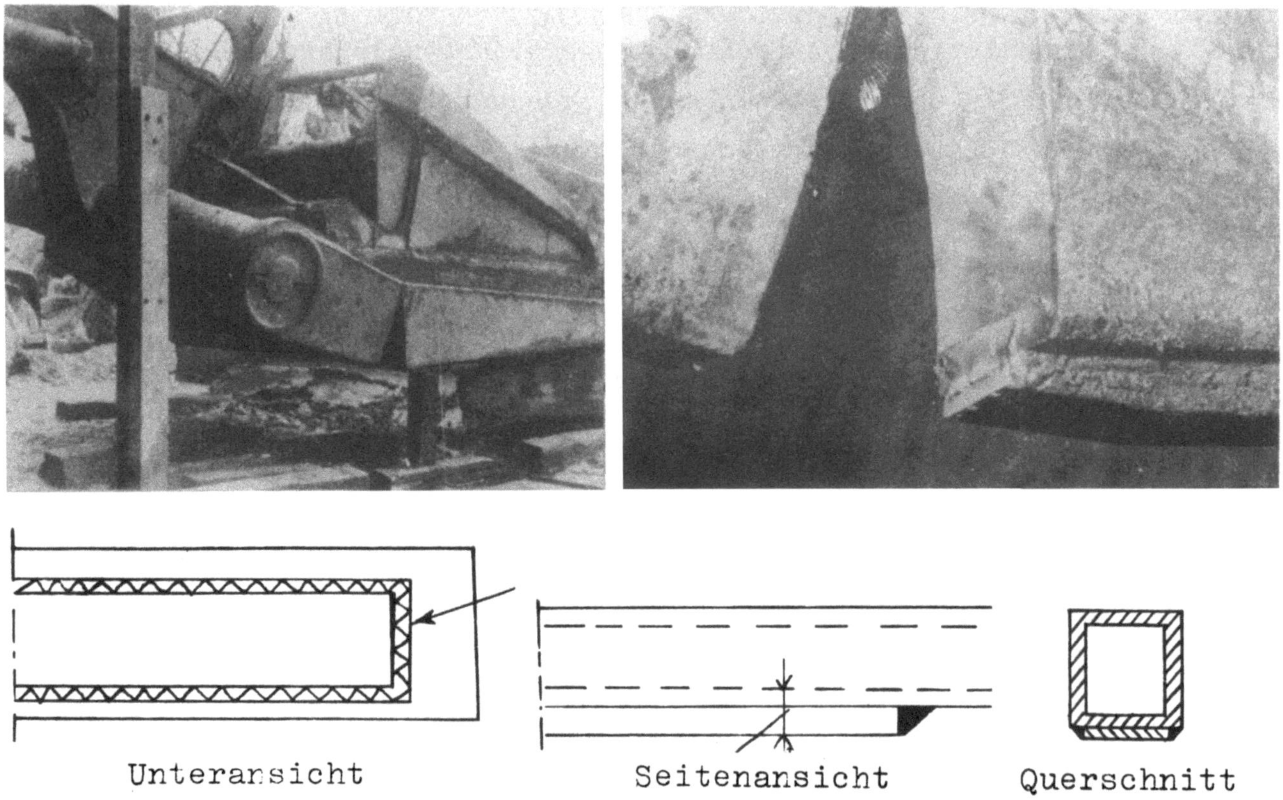

A b b i l d u n g 86
Schaden am DW 21 als Folge von Überbeanspruchungen
beim Transport auf welliger Fahrbahn

Abschließend hofft der Verfasser, durch die konkreten Ausführungen über den Einfluß der Vertikalschwingungen beim Einsatz von Motorschürfwagen die offensichtlichen Zweifel vieler Unternehmer hinsichtlich der Wirtschaftlichkeit der Fahrbahnpflege beseitigt zu haben. Eine gepflegte Fahrbahn ist eben die Voraussetzung:

* für die Erhaltung der Arbeitskraft der Fahrer,
* für eine erhöhte Bodenförderung,
* für die Vermeidung von Reparaturen infolge auftretender Materialbrüche.

15. Die Arbeitsphysiologie in der Betriebspraxis

15.1 Allgemeines

Eine beachtenswerte und zugleich interessante Möglichkeit zur Erhöhung der Fördermenge erschließt das Studium über die vegetative 24-Stunden-Rhythmik des Menschen, d.h. des Menschen allgemein und des Personals im besonderen. Es ergibt u.a., daß der Mensch in der Leistungsbereitschaft seines Organismus tagesperiodisch gewissen Schwankungen unterliegt [42]. Dies ist durch den autonom gesteuerten biologischen Rhythmus des Menschen bedingt und deshalb nicht willkürlich durch Lebensgewohnheiten, Ernährung, Schlaf usw. zu verändern oder umzukehren.

Die Auswirkungen dieser Vorgänge hat man in Schweden über einen Zeitraum von 19 Jahren festgehalten. Wenn hierbei auch Fehlleistungen registriert worden sind, so ist doch bezeichnend, daß die in der Abbildung 87 dargestellte Kurve der Fehlhandlungen genau das Spiegelbild einer menschlichen Dispositionskurve ist, wie sie heute, theoretisch und praktisch begründet, als Kurve der "physiologischen Leistungsbereitschaft" im Tagesablauf mit Sicherheit angegeben werden kann [43].

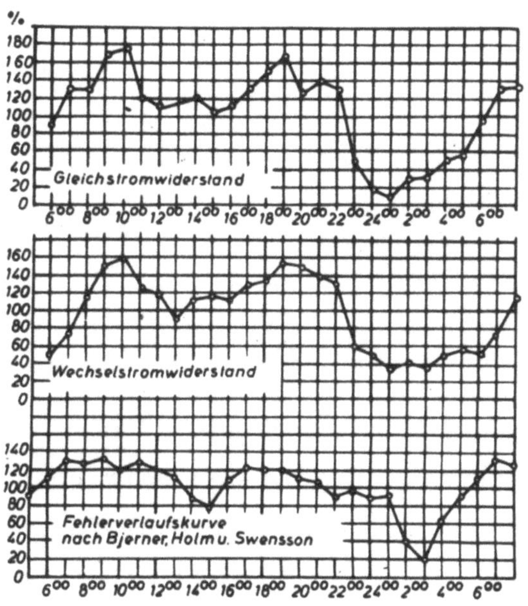

A b b i l d u n g 87

Prozentuale Tagesschwankungen des Hautwiderstandes für Gleich- und Wechselstrom und prozentuale Schwankungen der physiologischen Leistungsbereitschaft

15.2 Die Untersuchungsergebnisse und die Anwendung der Erkenntnisse in der Betriebspraxis

Die Erkenntnisse, die man durch die Kurve der "physiologischen Leistungsbereitschaft" inzwischen gewonnen hat, nutzt man heute in modernen Fertigungsbetrieben schon häufig mit gutem Erfolg aus. Dagegen ist eine Verwendung dieser neuartigen Forschungsergebnisse in gleislosen Erdbaubetrieben, also im Freien, bisher nicht bekannt geworden. Der Einfluß der Leistungsbereitschaft des Personals wird von einigen Bauleitern lediglich intuitiv bestätigt (z.B. für die Zeit der Nachtschicht von 2 - 4 Uhr).

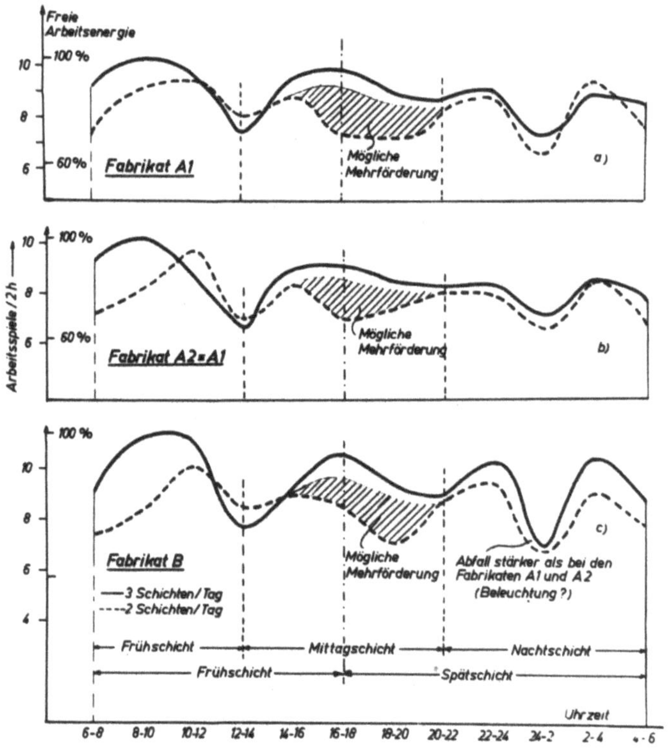

A b b i l d u n g 88

Arbeitsphysiologie in der Betriebspraxis

Die physiologische Arbeitskurve bei der Bodenförderung mit Schürfwagen

(Ermittelt auf Grund praktischer Versuche)

Auf einer geeigneten Versuchsbaustelle konnten über mehrere Monate durch Weg- und Baustellenverhältnisse etwa konstant bleibende Arbeitsspiele von Motorschürfwagen in Abhängigkeit von der Tageszeit registriert werden. Für die Fahrer bestand durch die Art der Entlöhnung ein unbedingter Anreiz zur Leistung. Bei der Auswertung ergaben sich für den dreischichtigen bzw. zweischichtigen Betrieb die Kurven der Abbildung 88 (S. 166). Ihre Betrachtung zeigt die absolut gleiche Tendenz der Kurven für den zwei- bzw. dreischichtigen Betrieb, obschon während der Untersuchungszeit die Fahrer (mehr als 20) ihre Schicht und das Gerät laufend wechselten. Die Kurvenähnlichkeit ist eine Bestätigung dafür, daß die von Willen und Bewußtsein unabhängige biologische Rhythmik der Fahrer sich auch auf freien und robusten Baustellen auswirkt. Eine Übereinstimmung mit der idealen Kurve der "physiologischen Leistungsbereitschaft", die aus dem Spiegelbild der Abbildung 87 gewonnen wurde, ist somit folgerichtig.

Danach müssen aber auch zwangsläufig die Kurven des 2- und 3-schichtigen Betriebes die gleiche Tendenz aufweisen. Wie zu erkennen ist, trifft das bis auf die Zeit von 17 - 19 Uhr ausnahmslos zu, da die insgesamt höhere Lage der Kurve für die 3-Schichtenfolge natürlich ist. Infolgedessen ist die Annahme berechtigt, daß man den beim 2-Schichtenbetrieb gegen 18 Uhr verzeichneten Leistungsabfall auf den zu diesem Zeitpunkt erfolgten Schichtwechsel zurückführt. An Hand der Untersuchungsergebnisse läßt sich somit erkennen, daß man die Schichtwechsel nach Möglichkeit in ein Minimum der "Leistungsbereitschaftskurve" legen sollte, wie dies u.a. bei der 3-Schichtenfolge der Fall gewesen ist.

Beim 2-Schichtenbetrieb hätte man dadurch, entsprechend Abbildung 88, eine Mehrförderung von 2 Fahrten je Gerät und Tag (bei 10 Geräten ca. 200 m^3/Tag) ohne weiteres erreichen können.

Ferner ergibt sich aus der Gegenüberstellung der in Abbildung 89 dargestellten Ideal- bzw. Fehlleistungskurve mit der Baustellenkurve die Frage, inwieweit Betriebsstunden während der leistungsschwachen Zeit von 2 - 4 Uhr lohnend sind. Einem Minimum an Förderung steht dann nämlich ein Maximum an Unfallgefahr gegenüber.

Diese Frage kann jedoch im Rahmen dieser Arbeit genau so wenig behandelt werden wie die unbedingt bestehenden Auswirkungen des Motorlärms [44], der Blendempfindlichkeit [42], der Hitze im Führerhaus und der Pausengestaltung [45] sowie die des durch die Persönlichkeitsbewertung variierten Leistungslohnes [46] auf die Leistungsbereitschaft der Fahrer und somit auf die Förderung.

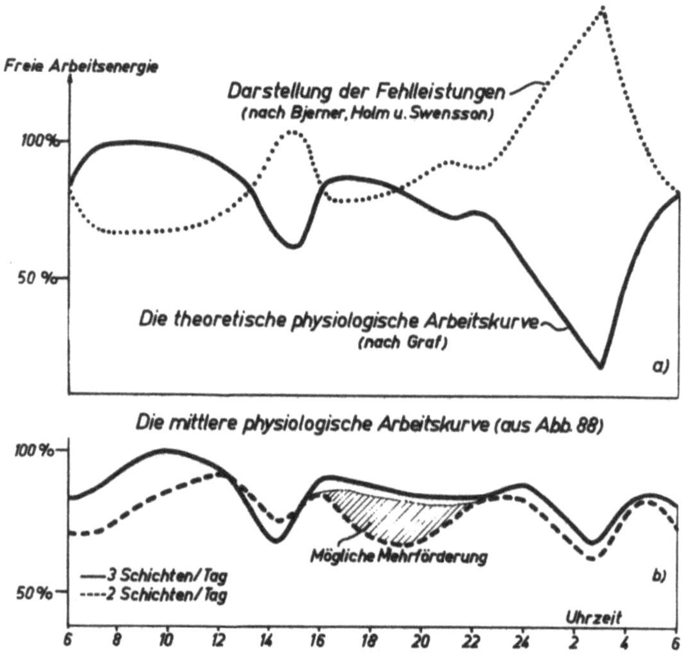

A b b i l d u n g 89

Arbeitsphysiologie in der Betriebspraxis

16. Berechnungsbeispiele

Die Anwendung des entwickelten Kalkulationsverfahrens sei an Hand folgender Beispiele erläutert:

16.1 Beispiel für Schürfkübelraupen älterer Bauart

Auf einer Baustelle, wie sie etwa unter 7.2 beschrieben wurde, seien zur Schaffung eines Sportplatzplanums Bodenverlagerungen notwendig. Die mittlere Förderweite betrage 120 m. Der Boden sei stark bindig. Die Neigung der Geländeoberfläche übersteigt 6 % nicht.

Gesucht ist die tatsächliche Bodenförderung in m^3 (fest) pro Stunde beim Einsatz von Schürfkübelraupen älterer Bauart während der Sommermonate.

Lösung: Da bezüglich der Transportstrecke keine Besonderheiten vorliegen, wird die in der Abbildung 45 als Arbeitsgang herausgestellte Gangkombination, nämlich II/II, gewählt. Als Kübelinhalt je Arbeitsspiel möge sich bei ähnlichen Böden aus den Nachkalkulationen 5,3 m^3 (fest) ergeben haben. Die Beiwerte mögen betragen:

$$\eta_{Wi} = 0{,}84; \quad \eta_h = 0{,}86 \quad \text{und} \quad \eta_{Wa} = 0{,}90.$$

Mit diesen Werten ermittelt man die praktische Bodenförderung in m^3 (fest) je Stunde wie folgt: Man entnimmt dem Diagramm der Abbildung 45 die Grundzeit. Sie beträgt 260 (s). Somit wird

$$L \sim \frac{3600 \cdot 5{,}3 \cdot 0{,}84 \cdot 0{,}86 \cdot 0{,}90}{260} \sim 48 \text{ m}^3 \text{ (fest)/h;}$$

legt man nach 7.6 als Kübelinhalt je Arbeitsspiel 5,0 m^3 und als η_G (nach 11.6) 0,63 zugrunde, ergibt sich mit Hilfe von Abbildung 46 eine praktische Bodenförderung von

$$\boxed{L = 68 \cdot 0{,}53 \sim 43 \text{ m}^3 \text{ (fest)/h}}$$

16.2 Beispiel für angehängte Schürfwagen

Beim Abtrag einer Deckschicht aus Sand betrage die mittlere Förderweite 200 m. Zur Verfügung stehe ein Anhängeschürfwagen der Kombination: Raupe K 90, Schürfkübel Frisch 6 m^3. Es sei entsprechend Baustellenskizze 3 möglich, den abgetragenen Boden beiderseits der Entnahmestelle zu schütten. Die Transportstrecke habe jeweils in Richtung Kippe ein Gefälle bis zu 8 %.

Lösung:

Kübelinhalt aus Nachkalkulation 5 m^3 (fest)

Beiwerte:

$\eta_{Wi} = 0{,}97$; $\eta_{Wa} = 0{,}9$; $\eta_h = 0{,}87$ (Nachkalkulation) ;

$\eta_G = 0{,}76$.

Arbeitsgangkombination, nämlich IV/IV nach Abbildung 53, sei entsprechend den Unterlagen der Gerätebeschreibung noch möglich.

Nach Diagramm Abbildung 53 beträgt die

$$\text{Grundzeit } (t_g) \sim 415 - 50 \sim 365 \text{ (s)}$$

Somit

$$\boxed{L \sim \frac{3600 \cdot 5{,}0 \cdot 0{,}76}{365} \sim 37{,}5 \text{ m}^3 \text{ (fest)/h}}$$

16.3 Beispiel für Motorschürfwagen

Im Zuge von Erdarbeiten sei eine mittlere Förderweite von 900 m mit wechselndem Gesamtfahrwiderstand gegeben. Die einzelnen Teilstrecken,

Steigungen und Fahrwiderstände mögen sich entsprechend den folgenden Tabellenwerten ergeben haben.

Für die Durchführung der Arbeiten sollen Motorschürfwagen, Fabrikate TS 300, zur Verfügung stehen. Die Kübelinhalte je Arbeitsspiel betragen auf Grund von Nachkalkulationen bei bindigen Böden 9,0 m^3 (fest). Der Gesamtgeräteausnutzungsgrad η_G wird analog 11.5 mit 0,63 angenommen.

Lösung:
Man ermittelt zunächst nach Nomogramm Abbildung 67c die Fahrzeit t in (s) wie folgt:

Lfd. Nr.	Strecke (m)	Gesamtfahrwiderstand (%)	angenommene Gangwahl (aus Betriebsunterlagen des Gerätes)	Fahrzeit (s)
1	150	8/2	III/IV	20
2	300	6/4	III/IV	43
3	200	2/2	IV /IV	25
4	250	12/8	II /III	70
	Σ 900 (m)			Σ 158 (s)

Dann ist die theoretische Bodenförderung je 60-Minuten-Stunde

$$L \sim \frac{16200}{110 + 158\,[1 - 115/900]} \sim \frac{16200}{248} \sim 65 \text{ m}^3 \text{ (fest)/60-Minuten-Stunde}$$

Die praktische Bodenförderung beträgt dann

$$L \sim 65 \cdot \eta_G \sim 65 \cdot 0{,}63$$

$$\boxed{L_{praktisch} \sim 41 \text{ m}^3 \text{ (fest)/h}}$$

17. Zusammenfassung

Ausführliche Baustellenversuche und eingehende Zeitstudien ermöglichten die Entwicklung eines fahrdynamischen Verfahrens zur Bestimmung der Zeiten der Arbeitsspiele von Reifenschleppern, Anhänge- und Motorschürfwagen. Dadurch wurde die Aufstellung von Nomogrammen möglich, aus denen die theoretischen Bodenförderungen je 60-Minuten-Stunde bei Förderwegen mit nicht wechselndem Gesamtfahrwiderstand unmittelbar entnommen werden können.

Bei Förderstrecken mit wechselndem Gesamtfahrwiderstand bzw. von der Norm abweichenden Kübelinhalten konnten für die Ermittlung der Bodenförderung einfache Formeln aufgestellt werden. In jedem Falle ist es möglich, die Fahrbahnzustände, Steigungen und Bodenarten von vorneherein zu berücksichtigen.

Weiterhin wurden über lange Zeiträume hinweg die Faktoren für die Geräteausnutzung (Witterung, Reparaturen usw.) bestimmt, so daß sich die für die Vorkalkulation interessanten praktischen Bodenförderungen der Geräte je Betriebsstunde einfach ermitteln lassen.

Die der Bauindustrie bisher für diese Zwecke zur Verfügung stehenden Angaben sind zum Teil noch lückenhaft oder noch zu ungenau. Es kommt daher hin und wieder noch vor, daß die Vorkalkulationen trotz der von den Unternehmern vorbildlich ermittelten und genau eingesetzten Betriebs- und Reparaturkosten ungewöhnlich riskant sind.

Mit den aufgezeigten Untersuchungen sollte der Versuch gemacht werden, den Ingenieuren und Unternehmern Werte an die Hand zu geben, die eine gegenüber den bisherigen Verfahren verbesserte Kalkulation zulassen. Außerdem sollen die Hinweise auf Möglichkeiten zur Leistungssteigerung und die angeführten Betriebs- und Reparaturwerte der Geräte den Interessenten Gelegenheit geben, ihre firmeneigenen Erfahrungen und Angaben zu überprüfen.

Dr.-Ing. Walter HERDING

Literaturverzeichnis

[1] GARBOTZ, G. Handbuch des Maschinenwesens beim Baubetrieb
Bd.. III - Teil 2 - VDI-Verlag, Berlin 1937

[2] KRIEGER, H. Baubetrieb mit gleislosen Erdbaugeräten
Dissertation TH München, 1953

[3] DREES, G. Planierraupen und Planierschlepper. Der gegenwärtige Entwicklungsstand und ihre Entwicklungstendenzen
Der Bauingenieur Jg.30, Heft 4, Seite 129-142

[4] MÜLLER, W. Die Fahrdynamik der Verkehrsmittel
Verlag Julius Springer, Berlin 1940

[4a] Management Digest, Oktober 1955, Seite 52

[5] Excavating Engineer, Februar 1954, Seite 30

[6] ECKERT Vom gleislosen Erdbau in USA: Die Erdtransportwagen
Die Bautechnik, Jg. 32, Heft 7, Seite 222-227

[7] GABAY, A. Les Engins Mecaniques de Chantier, Lausanne 1952

[8] KÜHN, G. Anwendungs-, Leistungs- und Wirtschaftlichkeitsbereiche gleisloser Erdbaugeräte, ermittelt auf Grund von praktischen Versuchen
Dissertation TH Aachen, 1953

[9] GARBOTZ, G. Taschenbuch "Baumaschinen und Baubetrieb"
Hauser Verlag, München 1957

[10] MEYER, BOCK — Die Wasserfüllung von Ackerschlepper-Reifen
Institut für Schlepperforschung der Forschungsanstalt für Landwirtschaft, Braunschweig-Völkenrode, 1954

[11] GARBOTZ, G. und W. MÜLLER — Taschenbuch für Bauingenieure
Julius Springer Verlag, Berlin 1955

[12] MÜLLER, W. — Ein einfaches Verfahren zur Ermittlung der wirtschaftlichsten Trasse einer Autobahn
Internationales Archiv für Verkehrswesen, 1953, Heft 11, Seite 244

[13] VERHASSELT, H. — Rechnerisches Verfahren zur Bestimmung von Fahrzeit und Kraftstoffverbrauch bei Kraftwagenfahrten für Trassierungen und Verkehrsuntersuchungen neuer und bestehender Straßen
Dissertation TH Aachen, 1954

[14] MÜLLER, W. — Erdbau, Linienführung, Gestaltung und Erdarbeiten der Verkehrswege
Wilh. Ernst und Sohn Verlag, Berlin 1948

[15] MÜLLER, W. — Die Bedeutung der Fahrdynamik der Lastkraftwagen für das Trassieren der Autobahnen und für die Tarifgestaltung des Güterfernverkehrs
Straßen- und Tiefbau, Jg. 9, 1955, Heft 8, Seite 1-6

[16] Prospekte und Unterlagen der Firma Euclid, USA

[17] FAUNER, E. — Zwei neue amerikanische Erdbaugeräte
Baumaschinen und -Technik, Jg. 1, Heft 9, Seite 227

[18] SAE Cooperative Tractor Tire Testing Committee
The Traction of Pneumatic Tractor Tires
SAE Journal, vol. 42, Januar 1938

[19] SAUVE, E.C. und E.G. McKIBBEN
Studies on Use of Liquid in Tractor Tires
Michigan Agric.Exp.Sta.Quarterly Bulletin vol. 27, August 1944

[20] Experiments of Tractor Tyre Perfomance
Herausgegeben von: The British Rubber Development Board, Juli 1948 (Versuche der NJAE)

[21] REED, J.F., C.A. REAVES und J.W. SHIELDS
Comporative Performance of Farm Tractor Tires
Weighted with Liquid and Wheel Weights
Agricultural Engineering, Juni 1953, Seite 391

[22] WAGENER, H.
Bergmännische Meldearbeit
TH Aachen 1954, Institut für Bergbaukunde

[23] SCHÖN, W.
Lagerplatzbekohlung mit Planierraupe
Fördern und Heben, Jg. 4, Heft 12, Seite 837-840

[24] HOFBAUER, K.
Technische und wirtschaftliche Vergleiche zwischen Planierraupen und -schlepper
T.H. Aachen, Dipl.-Arbeit 1953, Inst.f. Bergbaukunde

[25] BLUM, G.
Leistung und Kosten des Tournadozers, Super C, beim Gleisrücken im Vergleich zu Gleisrückmaschinen
T.H. Aachen, Meldearbeit 1954, Inst.f. Bergbaukunde

[26] FAUNER, E. und GRADER
Baumaschine und -Technik, 2. Jg. 1955, Heft 1, Seite 2-14

[27] THIEL, H. Einsatzbereich und Wirtschaftlichkeit von Erdhobeln im Braunkohlentagebau
T.H. Aachen, Dipl.-Arbeit 1953
Institut für Bergbaukunde

[28] CORDES, H. Leistungen der Menck-Schürfraupe in m^3 gelösten Bodens je Stunde bei grabfähigen Bodenarten ohne Aufreißen oder Planieren
Firmen-Unterlagen Menck und Hambrock, G.m.b.H. 1950

[29] HERDING, W. Der gleislose Erdbau und seine Geräte
Straßen-Asphalt- und Tiefbau, 8. Jg. 1955, Heft 4, Seite 104

[30] DREES, G. Untersuchungen über das Kräftespiel an Flachbagger-Schneidwerkzeugen in Mittelsand und schwach bindigem, sandigen Schluff unter besonderer Berücksichtigung der Planierschilde und ebenen Schürfkübelschneiden
Forschungsarbeit T.H. Aachen 1956 (noch unveröffentlicht)

[31] HAAK, M. Über die günstigste Gestaltung der Schleppersitzfederung bei luftbereiften Ackerschleppern mit starrer Hinterachse
Landtechnische Forschung 1953, Heft 1

[32] ZELLER, W. Maßeinheiten für Schwingungsstärke und Schwingungsempfindlichkeitsstärke
ATZ 51 (1949) Seite 95, und Z.VDI 77 (1933) Seite 323

[33] BÉKÉSY, G. v. Über die Empfindlichkeit des stehenden und sitzenden Menschen gegen sinusförmige Erschütterungen
Akustische Zeitschrift 4 (1939), Seite 360

[34] MÜLLER, E.A. Die Wirkung sinusförmiger Vertikalschwingungen auf den sitzenden und stehenden Menschen
Arb.Physiologie 10 (1939), Seite 459

[35] HAAK, M. Über die Beanspruchung des Menschen durch Erschütterungen auf Schleppern und Landmaschinen
Grundlagen der Landtechnik, Heft 4/1953

[36] SÖHNE, W. Druckverteilung im Boden und Bodenverformung unter Schlepperreifen
Grundlagen der Landtechnik, Heft 5/1953

[37] THEINER Untersuchungen der Walzverdichtungsvorgänge mit Glattwalzen, Rüttelverdichtern und Rüttelwalzen
(Forschungsarbeit T.H. Aachen, Institut für Baumaschinen (noch nicht veröffentlicht)

[38] DEJNEGO, B. Erfahrungen mit Schwerlastschürfwagen
Planen und Bauen, 5. Jg., 1951, Seite 493

[39] GÄRTNER, E. Entwicklungstendenzen beim Hilfsgeräteeinsatz im Braunkohlentagebaubetrieb
Braunkohle, Wärme und Energie, 1954, Heft 1, bis Heft 4, Seiten 1, 45, 85

[40] Road Research Releases No. 15
Highway Research Board-National-Research Council
November 1949 - Washington

[41] WÖLFER, N. Bergmännische Meldearbeit
Bergakademie Clausthal 1953

[42] Anpassung der Arbeit an den Menschen
Vorträge der Arbeitstagung des Max-Planck-Instituts für Arbeitsphysiologie
Dortmund, Januar 1952

[43] GRAF, O. Erforschung der geistigen Ermüdung und nervösen Belastung: Studien über die vegetative 24-Stunden-Rhythmik in Ruhe und Belastung
Forschungsbericht des Wirtschafts- und Verkehrsministeriums NW Nr. 113 -
Westdeutscher Verlag, Köln 1955

[44] LEHMANN, G. Was ist und bedeutet Lärm
VDI Zeitschrift 97. Jg. 1955, Heft 29, Seite 1012-1014

[45] BREMESFELD, E. und O. GRAF Leitfaden für das Arbeitsstudium
Carl-Hauser-Verlag, München 1955

[46] NADIG, HARMSEN, GERATHEWOHL Leistungssteigerung und Betriebsklima
Verlag C.W. Leske, Darmstadt 1954

[47] GARBOTZ, G. Geländegängige amerikanische Erdtransportwagen
Die Bauwirtschaft 1952/42/43 Beilage, Seite 66

[48] WOLFF, P. Arbeitsuntersuchungen in Baggerbetrieben
Die Bauwirtschaft 1952/10/11 - Seite 202

[48] WOLFF, P. Arbeitsuntersuchungen in Baggerbetrieben
Die Bauwirtschaft 1952/10/11 - Seite 202

[49] MÜLLER, W. Massenermittlung, Massenverteilung und Kosten der Erdarbeiten
Verlag Wilhelm Ernst und Sohn, Berlin 1947

[50] LEUSSINK Versuche mit geländegängigen Erdbaugeräten unter besonderer Berücksichtigung des Einflusses der Bodenart
Forschungsarbeit aus dem Bauwesen

[51] LEVSEN, P. Allgemeine Grundsätze der Baupreis-Ermittlung

[52] NASCHOLD, R. Die Gerätemietberechnung
Der Bau und die Bauindustrie, 9. Jg. 1956, Heft 2, Seite 47

[53] MAYR, H. und R. EICHELTER Die Entwicklung der gleislosen Förderung am Steirischen Erzberg
Erzbergbau und Metallhüttenwesen, VIII. Band 1955, Heft 11, Seite 1-10

FORSCHUNGSBERICHTE DES LANDES NORDRHEIN-WESTFALEN

Herausgegeben durch das Kultusministerium

BAU · STEINE · ERDEN

HEFT 36
Forschungsinstitut der Feuerfest-Industrie, Bonn
Untersuchungen über die Trocknung von Rohton, Untersuchungen über die chemische Reinigung von Silika- und Schamotte-Rohstoffen mit chlorhaltigen Gasen
1953, 60 Seiten, 5 Abb., 5 Tabellen, DM 11,—

HEFT 37
Forschungsinstitut der Feuerfest-Industrie, Bonn
Untersuchungen über den Einfluß der Probenvorbereitung auf die Kaltdruckfestigkeit feuerfester Steine
1953, 40 Seiten, 2 Abb., 5 Tabellen, DM 7,80

HEFT 59
Forschungsinstitut der Feuerfest-Industrie e. V., Bonn
Ein Schnellanalysenverfahren zur Bestimmung von Aluminiumoxyd, Eisenoxyd und Titanoxyd in feuerfestem Material mittels organischer Farbreagenzien auf photometrischem Wege
Untersuchungen des Alkali-Gehaltes feuerfester Stoffe mit dem Flammenphotometer nach Riehm-Lange
1954, 52 Seiten, 12 Abb., 3 Tabellen, DM 11,60

HEFT 76
Max-Planck-Institut für Arbeitsphysiologie, Dortmund
Arbeitstechnische und arbeitsphysiologische Rationalisierung von Mauersteinen
1954, 52 Seiten, 12 Abb., 3 Tabellen, DM 10,20

HEFT 81
Prüf- und Forschungsinstitut für Ziegeleierzeugnisse, Essen-Kray
Die Einführung des großformatigen Einheits-Gitterziegels im Lande Nordrhein-Westfalen
1954, 54 Seiten, 2 Abb., 2 Tabellen, DM 10,—

HEFT 90
Forschungsinstitut der Feuerfest-Industrie, Bonn
Das Verhalten von Silikasteinen im Siemens-Martin-Ofengewölbe
1954, 62 Seiten, 15 Abb., 11 Tabellen, DM 11,90

HEFT 91
Forschungsinstitut der Feuerfest-Industrie, Bonn
Untersuchungen des Zusammenhangs zwischen Leistung und Kohlenverbrauch von Kammeröfen zum Brennen von feuerfesten Materialien
1954, 42 Seiten, 6 Abb., DM 8,30

HEFT 106
ORR. Dr.-Ing. W. Küch, Dortmund
Untersuchungen über die Einwirkung von feuchtigkeitsgesättigter Luft auf die Festigkeit von Leimverbindungen
1954, 60 Seiten, 10 Abb., 6 Tabellen, DM 11,40

HEFT 111
Fachverband Steinzeugindustrie, Köln
Die Entwicklung eines Gerätes zur Beschickung seitlicher Feuer von Steinzeug-Einzelkammeröfen mit festen Brennstoffen
1955, 46 Seiten, 16 Abb., DM 9,40

HEFT 127
Güteschutz Betonstein e. V., Arbeitskreis Nordrhein-Westfalen, Dortmund
Die Betonwaren-Gütesicherung im Lande Nordrhein-Westfalen
1955, 58 Seiten, 15 Abb., 3 Tabellen, DM 11,50

HEFT 142
Dipl.-Ing. G. M. F. Wiebel, Hannover, A. Konermann und A. Ottenheym, Sennelager
Entwicklung eines Kalksandleichtsteines
1955, 38 Seiten, 4 Abb., DM 8,—

HEFT 149
Dr.-Ing. K. Konopicky und Dipl.-Chem. P. Kampa, Bonn
I. Beitrag zur flammenphotometrischen Bestimmung des Calciums
Dr.-Ing. K. Konopicky, Bonn
II. Die Wanderung von Schlackenbestandteilen in feuerfesten Baustoffen
1955, 54 Seiten, 10 Abb., 5 Tabellen, DM 11,—

HEFT 180
Dr.-Ing. W. Piepenburg, Dipl.-Ing. B. Bühling und Bauing. J. Behnke, Köln
Putzarbeiten im Hochbau und Versuche mit aktiviertem Mörtel und mechanischem Mörtelauftrag
1955, 116 Seiten, 31 Abb., 68 Tabellen, DM 23,—

HEFT 213
Dipl.-Ing. K. F. Rittinghaus, Aachen
Zusammenstellung eines Meßwagens für Bau- und Raumakustik
1957, 96 Seiten, 17 Abb., 7 Tabellen, DM 19,80

HEFT 223
Dr.-Ing. K. Alberti und Dozent Dr. phil. habil. F. Schwarz, Köln
Über das Problem Hartbrand-Weichbrand
1956, 54 Seiten, 25 Abb., 14 Tabellen, DM 12,10

HEFT 231
ORR. Dr.-Ing. W. Küch, Dortmund
Über die Wechselwirkung zwischen Holzschutzbehandlung und Verleimung
1956, 48 Seiten, 10 Abb., 8 Tabellen, DM 10,40

HEFT 250
Dozent Dr. phil. habil. F. Schwarz und Dr.-Ing. K. Alberti, Köln
Entwicklung von Untersuchungsverfahren zur Gütebeurteilung von Industriekalken
1956, 36 Seiten, 9 Abb., 4 Tabellen, DM 16,50

HEFT 266
Fliesen-Beratungsstelle Bad Godesberg-Mehlem
Güteeigenschaften keramischer Wand- und Bodenfliesen und deren Prüfmethoden
1956, 32 Seiten, DM 7,10

HEFT 319
Prof. Dr. C. Kröger, Aachen
Gemengereaktionen und Glasschmelze
1957, 118 Seiten, 53 Abb., 16 Tabellen, DM 26,—

HEFT 370
Dr. phil. habil. F. Schwarz, Köln
Physikochemische Grundlagen der Bildsamkeit von Kalken unter Einbeziehung des Begriffes der aktiven Oberfläche
1958, 90 Seiten, 14 Abb., 16 Tabellen, 36 Titrationen DM 25,10

HEFT 398
Prof. Dr. habil. H. E. Schwiete und Dipl.-Ing. G. Geisdorf, Aachen,
Einlagerungsversuche an synthetischem Mullit I
Prof. Dr. habil. H. E. Schwiete, A. K. Bose und Dr. phil. H. Müller-Hesse, Aachen
Die Zusammensetzung der Schmelzphase in Schamottesteinen I
1957, 58 Seiten, 17 Abb., 17 Tab., DM 14,50

HEFT 399
Prof. Dr. habil. H. E. Schwiete und Dr.-Ing. R. Vinkeloe, Aachen
Möglichkeiten der quantitativen Mineralanalyse mit dem Zählrohrgerät unter besonderer Berücksichtigung der Mineralgehaltsbestimmung von Tonen
1958, 102 Seiten, 34 Abb., 1 Tabelle, DM 26,70

HEFT 402
Prof. Dr. habil. W. Linke, Aachen
Die Wärmeübertragung durch Thermopane-Fenster
1958, 30 Seiten, 17 Abb., 2 Tabellen, DM 10,80

HEFT 430
Prof. Dr. G. Garbotz, Aachen und Dr.-Ing. G. Dress, Cadiz
Untersuchungen über das Kräftespiel an Flachbagger-Schneidwerkzeugen in Mittelsand und schwach bindigem, sandigem Schluff unter besonderer Berücksichtigung der Planierschilde und ebenen Schürfkübelschneiden
1958, 142 Seiten, 81 Abb., DM 37,50

HEFT 453
Forschungsinstitut der Feuerfest-Industrie, Bonn
Die Arbeiten der technisch-wissenschaftlichen Kommission der PRE (Vereinigung der europäischen Feuerfest-Industrie)
1957, 62 Seiten, 9 Abb., 18 Tabellen, DM 14,75

HEFT 454
Dr.-Ing. W. Piepenburg, Dipl.-Ing. B. Bühling und Bauing. J. Behnke, Köln
Haftfestigkeit der Putzmörtel
1958, 130 Seiten, 6 Abb., 63 Tabellen, DM 28,30

HEFT 482
Dipl.-Ing. R. Pels-Leusden und Dr. K. Bergmann, Essen
Die Frostbeständigkeit von Ziegeln; Einflüsse der Materialzusammensetzung und des Brandes
1958, 70 Seiten, 31 Abb 5 Tabellen, DM 20,45

HEFT 484
Prof. Dr. phil. habil. H. E. Schwiete und Dr. G. Franzen, Aachen
Beitrag zur Struktur des Montmorillonit
1958, 76 Seiten, 23 Abb., DM 22,—

HEFT 488
Prof. Dr. phil. habil. H. E. Schwiete, Aachen und Dipl.-Chem. H. Westmark, Recklinghausen
Beitrag zur Kennzeichnung der Texturen von Schamottesteinen
1958, 48 Seiten, 34 Abb., 7 Tabellen, DM 16,80

HEFT 528
Dipl.-Chem. Dr. P. Ney, Köln
Physikochemische Grundlagen der Bildsamkeit von Kalken unter Einbeziehung des Begriffs der aktiven Oberfläche
Dr. F. Schwarz, Köln
Kristallchemische Betrachtung der Bildsamkeit
1958, 96 Seiten, 34 Abb., 6 Tabellen, DM 26,75

HEFT 543
Prof. Dr. phil. habil. H. E. Schwiete, Dr. phil. H. Müller-Hesse und Dipl.-Ing. G. Gelsdorf, Aachen
Einlagerungsversuche an synthetischem Mullit. Teil II
1958, 28 Seiten, 5 Abb., 10 Tabellen, DM 10,—

HEFT 544
Prof. Dr. phil. habil. H. E. Schwiete, Dr.-Ing. A. K. Bose und Dr. phil. H. Müller-Hesse, Aachen
Die Schmelzphase in Schamottesteinen. Teil II
1958, 30 Seiten, 9 Abb., 12 Tab., DM 11,—

HEFT 545
Prof. Dr. phil. habil. H. E. Schwiete, Dr. rer. nat. G. Ziegler und Dipl.-Ing. Ch. Kliesch, Aachen
Thermochemische Untersuchungen über die Dehydration des Montmorillonits
1958, 48 Seiten, 16 Abb., 4 Tabellen, DM 15,40

HEFT 553

Prof. Dr. rer. pol. G. Garbotz und Dipl.-Ing. J. Theiner, Aachen

Untersuchungen der Walzverdichtungsvorgänge auf Lößlehm, Kies und Schotter

1959, 286 Seiten, 208 Abb., DM 58,—

HEFT 559

Prof. Dr. phil. habil. H. E. Schwiete und Dipl.-Chem. R. Gauglitz, Aachen

Die Verflüssigung von Montmorillonitschlämmen

1958, 66 Seiten, 15 Abb., 5 Tabellen, DM 19,30

HEFT 634

Institut für Ziegelforschung Essen e. V., Essen-Kray

Verminderung der Streuungen, der Festigkeit und der Sprödigkeit von Ziegeln

1958, 94 Seiten, 36 Abb., 18 Tabellen, DM 24,30

HEFT 643

Max-Planck-Institut für Silikatforschung, Würzburg

Spannungsmessungen an Schleifkörpern

1958, 38 Seiten, 22 Abb., DM 11,70

HEFT 651

Dr.-Ing. A. Eisenberg, Dortmund

Versuche zur Körperschalldämmung in Gebäuden

1958, 26 Seiten, 20 Abb., DM 8,10

HEFT 688

Prof. Dr. H.-E. Schwiete und Dipl.-Ing. A. Schüffler, Aachen

Entwicklung einer elektrisch beheizten Apparatur zur Messung von Wärmeleitfähigkeiten feuerfester Materialien bei hohen Temperaturen

1959, 42 Seiten, 16 Abb., DM 11,60

HEFT 689

Prof. Dr. H.-E. Schwiete und Dipl.-Chem. H. Westmark, Aachen

Die Wärmeleitfähigkeit feuerfester Steine im Spiegel der Literatur

1959, 54 Seiten, 35 Abb., DM 16,30

HEFT 695

Dr.-Ing. W. Herding, München

Die Fahrdynamik und das Arbeitsspiel gleisloser Erdbaugeräte als Kalkulationsgrundlage für die Bodenförderung und ihre Kosten

HEFT 711

Dr.-Ing. K. Alberti, Köln

Einfluß der chemischen Zusammensetzung des Anmachewassers auf die Festigkeit von Kalkmörteln

1959, 50 Seiten, 4 Abb., 20 Tabellen, DM 13,10

HEFT 713

Dr.-Ing. E. Menzenbach, Aachen

Die Anwendbarkeit von Sonden zur Prüfung der Festigkeitseigenschaften des Baugrundes

1959, 216 Seiten, 190 Abb., 24 Tabellen, DM 52,—

HEFT 734

Dipl.-Ing. H. Adam, Hannover

Arbeitstechnische und arbeitsphysiologische Untersuchungen zur Erleichterung der Maurerarbeit

1959, 56 Seiten, 15 Abb., mehr. Tab., DM 15,60

MIX
Papier aus verantwortungsvollen Quellen
Paper from responsible sources
FSC® C105338

If you have any concerns about our products,
you can contact us on
ProductSafety@springernature.com

In case Publisher is established outside the EU,
the EU authorized representative is:
Springer Nature Customer Service Center GmbH
Europaplatz 3, 69115 Heidelberg, Germany

Printed by Libri Plureos GmbH
in Hamburg, Germany